哈佛凌晨四点半少年版

成长卷

谁都能够了不起

韦秀英 编著

河北出版传媒集团
河北少年儿童出版社

图书在版编目（CIP）数据

谁都能够了不起：成长卷/韦秀英编著. -- 石家庄：
河北少年儿童出版社，2016.4（2020.12重印）
（哈佛凌晨四点半：少年版）
ISBN 978-7-5376-8781-2

Ⅰ.①谁… Ⅱ.①韦… Ⅲ.①成功心理 – 少年读物
Ⅳ.① B848.4-49

中国版本图书馆 CIP 数据核字 (2016) 第 048916 号

丛 书 名	哈佛凌晨四点半少年版·成长卷
书 名	谁都能够了不起
作 者	韦秀英
选题策划	温廷华　董素山　李雪峰
责任编辑	吴 倩　李雪峰
美术编辑	穆 杰　李欣潞
装帧设计	绿叶美术
出版发行	河北出版传媒集团　河北少年儿童出版社
	（石家庄市桥西区普惠路 6 号）
印 刷	河北省武强县画业有限责任公司
开 本	720×1020　1/16
印 张	12
版 次	2016 年 4 月第 1 版　2020 年 12 月第 8 次印刷
书 号	ISBN 978-7-5376-8781-2
定 价	19.80 元

前　言

　　孩子的成长总是伴随着惊喜，因为每天早晨睁开眼睛的时候，都能收到时间的礼物。这就是孩子最大的优势，他们有时间去成长、去经历、去梦想和行动起来。

　　还有人说，孩子就像一株刚刚萌芽的小树苗，只有经过阳光雨露的滋润，以及狂风暴雨的洗礼，才能成长为参天大树。所以孩子的成长过程，就是不断拥抱希望，不断经历挫折，不断跌倒和爬起的过程。在这个过程中，孩子必须拥有独立自主的想法，必须学会随时总结，必须知道如何排解烦恼，也必须拥有足够的自信心。也就是说，孩子必须拥有多种能力，即超强的综合素质，而不是仅仅在某一方面比较突出。

　　哈佛心理学教授威廉·詹姆斯曾说："哈佛的环境不仅允许，而且鼓励学生从自己的特立独行中寻找乐趣。相反，如果哪一天哈佛将她的学生塑造成单一固定的性格，那就将是哈佛的终结日。"对于成长中的孩子来说，不也是如此吗？孩子的成长不仅仅需要学习最基本的文化知识，还必须注重品质、性情、爱与自由以及生活的最基本能力培养，这些都是孩子未来能否获得成功的最基本因素。

　　孩子的成长需要哪些能力呢？我想不外乎是思维能力、自主能力、分析能力、交际能力、自我开导能力、辨别能力、创新能力、解决问题的能力等等。这些能力能够帮助孩子获取成长的力量，从而战胜困难和挫折，不断进取，并且随时拥有积极向上的精神。除了这些能力之外，孩子还必须拥有爱的能力。正如哈佛大学的乔治·桑塔亚纳教授所说："爱是终生受用的财富，是世间最美的东西，我们的人生因为爱才丰富和生动，我们永远不能放弃。"

　　本书是专门为孩子准备的成长读本,它将告诉孩子如何获取成长的动力,如何寻找到最适合自己的成长方法。书中的故事充满了爱与灵性,让孩子在阅读中得到灵感与启发;书中所提出的教育方法简单易行,是孩子成长的最佳良方。通过阅读本书,孩子能够对哈佛有更多的了解,从而开阔自己的眼界,树立起更加宏远的梦想!

　　愿本书能够伴随你的成长,无论风雨阳光,都请你保持自信的微笑。

目　录

第一章

现在的想法是未来的"画笔"

每个人都有自己的想法，即使面对同一件事情、同一个问题，也不可能完全意见统一。面对别人的非议，你是坚持自己的想法，还是选择相信他人呢？其实，你的想法就是你的行动指南，也是你手中的"画笔"——它能够为你画出一个五彩缤纷的未来！

拥有与众不同的想法

你有自己的想法吗？是你自己的,而不是别人的。你的想法可能会很荒诞,可能不切实际，可能被人笑话，正因为如此才显得与众不同。

一个孩子如果拥有了与众不同的想法，他就是独一无二的，时刻都会显示出个性和魅力，也更容易获得成功。正如哈佛大学第 24 任校长普西所说的那样："区别一流人才和三流人才，取决于他们是否拥有创造力，是否拥有与众不同的想法。"

一位父亲想把儿子培养成与众不同的人，于是对 5 岁的儿子说："当你来到这个世界的那一刻，我的心中充满了喜悦，因为这个世界上又多了一个独一无二的你！虽然别人并不在意你的诞生，可是你对我、对你来说都是最独特的。因此你一定要记得，在成长的过程中要拥有自己的想法， 不要成为一个随波逐流的人。"

儿子点了点头，好像并不是特别明白父亲的意思。父亲又把他带到花园中，指着盛开的玫瑰花丛说："儿子你看，这些玫瑰花看起来十分相似，都开得那么鲜艳动人，可是只要你仔细观察一下，就会发现它们每一朵都是不同的，就算是同类的玫瑰，开出来的花也不一样——它们的生长速度、花瓣的颜色

与曲卷程度，都拥有独特的个性！"

儿子微笑着，低头看了看自己先天残疾的左腿，总算是明白父亲的意思了。

在这个世界上，每种植物、每种动物，都是与众不同的，就像花园里不同颜色、不同形状的玫瑰花，就像玫瑰花丛中不同种类、不同外形的小昆虫。

人类的情形也是这样，你的身体和别人不同，你的思想更与别人不同，就算你不是最优秀的那一个，但你一定是最独特的那一个。

如果你拥有了与众不同的想法，就仿佛向全世界宣布，你要走自己的人生道路，要开拓创新，不惧怕他人的非议与排挤，这样坚持走下去，直到成功的彼岸！

在一堂哈佛公开课上，教授给学生们讲述了一个"淘气小男孩"的故事：

这个小孩子总是喜欢"撒谎"，因此小伙伴们都不喜欢他。有一次放学回家，他在路边的草丛里捡到一块普通的石头，然后拿在手中仔细观察了一会儿，惊奇地对身边的同学说："哇！这是一枚价值连城的宝石！"

同学们看了看他手中的石头，都十分不屑地说他是"小骗子"，然后便离开了他。

在课堂上，如果老师问他一些问题，他总是给出一些奇怪的答案。老师也经常当众批评他，说他没有认真听讲，是一个淘气又爱撒谎的孩子。老师将他在学校的表现，告诉他的父亲，希望父亲可以帮助孩子改掉爱"撒谎"的坏毛病。可是父亲在仔细观察了他的行为之后，发现他并不是喜欢撒谎，而是拥有与众不同的想法，爱发挥自己的想象力罢了。

后来有一次，小男孩在垃圾堆里捡到一枚硬币，他很认真地盯着硬币看了一会儿，然后对姐姐说："看，这是一枚古罗马时期的硬币！"姐姐拿过硬币，好奇地看了看，发现那枚硬币虽然有些陈旧，可也只是一枚普通的硬币。姐姐气冲冲地把这件事情告诉了父亲，希望父亲能够教训一下小男孩，让他以后不要再"撒谎"了。

父亲把小男孩叫过来，没有训斥他，而是摸了摸他的小脑袋说："小家伙，你的想象力可真丰富啊！你一定要记住，不管别人怎么说，父亲都相信你的话。"

　　大家看到小男孩的父亲如此宠着他，都认为父亲的做法是错误的，这样一味地宠溺孩子，只会助长孩子的坏习惯，长大后也变成一个爱说谎的人。父亲却不在意大家的看法，对小男孩的每一次"说谎"，他都会微笑着表示赞赏。

　　在父亲的理解和培养下，小男孩的每一个与众不同的想法，都得到了呵护。他善于思考，而且很多的想法都是别人没有想到的，这让他在以后的学习中十分受益。后来，小男孩成为了一名伟大的博物学家。你知道他是谁吗？他就是达尔文。

　　哈佛教授告诉学生们："达尔文提出的'生物进化论'，是以丰富的想象力和与众不同的思想为基础的。如果达尔文没有一直坚持自己的想法，就不会有'进化论'的出现了。"

　　的确，任何一个创新型人才，都懂得坚持自己的想法，如果总是人云亦云，也不可能获得成功了。在成长的道路上，很多人都喜欢按照自己的常规思维做事，但是在付出了极大的努力之后仍然没有获得成功；而有人却能轻而易举地成功，他们的成功往往就来自于意想不到的创造性思维。如果你也像那些成功者一样，就要想办法开拓全新的道路，而不是跟在众人身后，去走别人走过的道路。

　　有时候成功就是这么简单，只要你拥有与众不同的想法，并且坚持下去。

【哈佛成长小贴士】

　　一个人在思考问题的时候，总会受到"思维定势"的影响。尤其对于身心正处于成长期的孩子来说，"思维定势"更是一种巨大的阻碍。它会影响孩子的思考能力，限制孩子的想象空间，并且会扼杀孩子的很多创意和想法。

　　那么，你应该如何打破"思维定势"，让自己拥有与众不同的想法呢？

　　首先，要保持自己的好奇心

　　你对事物的好奇心越大，就说明你的思维活动越强烈。面对好奇的事物，你可以多多思考，多问为什么，要想尽一切办法来寻找答案。

　　其次，要学会换位思考

　　对于一些已经熟悉的事物，你不能用以往的经验去理解它们，而应该换

一个角度或者多个角度去思考，从而让自己的思维更加多样，也更加活跃。

此外，还要丰富自己的想象力

你可以进行一些猜谜语或讲故事的活动，这样能够最大限度地发挥你的想象力，让你拥有更多奇思妙想。

【趣味小试题】

这是一道关于"思维定势"的测试题：杰克和朋友一起玩扔硬币的游戏，扔了 9 次都是正面朝上，如果现在杰克再扔一次，并且没有受到外界因素的影响，那么硬币正面朝上的可能性是几分之几？

答案：
二分之一。因为硬币只有两面，不要说再扔一次，就是再扔 100 次，正面朝上的可能性也只有二分之一。

是路太窄，还是视野不够宽

孩子的成长之路不够平坦，关键的问题不是路太窄，而是思路不够宽广。哈佛教授也说："堵死一个人的不是解决不了的问题，而是无法打开的思路。"一个思路开阔的人，看待问题总是能够更加全面，想事情也有不同的思路，绝对不会出现一条道走到黑的情况。

从前，有一位富人，他的心地十分善良，见一位朋友过着穷苦的日子，就想帮助朋友脱贫致富。富人告诉朋友说："我送一头牛给你，你把自己的土地好好开垦出来，春天的时候我再送你一些种子，你把种子种下去，等到秋天就可以收获了，到时候就能够远离贫穷。"

贫穷的朋友心里满怀着希望，努力开垦自己的土地，可是没过几天，他发现牛要吃草，人要吃饭，日子反而过得比之前更加艰难了。贫穷的朋友想，不如把牛卖了，然后买几只羊，到时候可以先杀一只，剩下的还可以生小羊，小羊长大以后还可以拿去卖，可以赚到更多的钱。他真的这样去做了。可是在他吃完一只羊后，小羊还没有出生，日子又变得艰难了，他忍不住又吃了一只。他想，这样下去可不行，不如把羊卖了，换成鸡，鸡生蛋的速度要快一些，鸡蛋还可以卖钱，日子很快就能够好起来。于是，他又把计划付诸了现实行动……

就这样，穷苦的日子还没有得到改变，他又忍不住要杀鸡了。终于杀到只剩下一只鸡的时候，他才意识到自己想要致富的梦想已经完全破灭。"乐观"的他还是把最后一只鸡给杀了，买了壶酒，喝得酩酊大醉。

没过多久，春天就来了，富人兴致勃勃地给朋友送来了种子。不过，他惊讶地发现，贫穷的朋友正醉倒在地上，牛也不见了，房子里仍然家徒四壁。看着一贫如洗又不思进取的朋友，富人只好摇了摇头，默默地离开了。

有一句话说得好："思路决定出路。"有的时候，阻挡你前进的不是高山或大海，而是你鞋底一粒小小的沙砾。所以，一个人的思想有多远，他就能够走多远。正如上面故事中那位贫穷的朋友，因为思路过于狭隘，让自己走进了一条越来越窄的死胡同，如果他的眼光能够放得长远一些，或许就不会一直处于穷困潦倒中了。

【哈佛成长小贴士】

哈佛心理学教授指出，思维具有变通性，比如在一所幼儿园的课堂上，一个孩子把几块积木拼在一起，老师问他这是什么，他说这是"面包"，然后他又加了几块积木，说这是"汽车"。孩子的思维变通性很强，在学习与生活中都表现得淋漓尽致。

变通性思维是指孩子能够从已知的信息中生发出大量变化的新信息，它是一种不同方向与不同范围的思维方式，是创造性思维的主要组成部分。一般孩子的思维方式，都是以具体思维为主，变通性思维也在逐步萌芽状态，比如孩子在绘画表演、游戏玩乐中，就经常表现出不同的构思、不同的方法等等。比如孩子们在讨论"迷路了怎么办"的时候，每个人都会有不同的想法，这就是孩子的变通性思维。

对于成长中的孩子来说，变通性是创造力在行为上的一种表现。具有变通性思维的孩子，遇到事情的时候能够举一反三，做到触类旁通，因此能够产生一种超常的构思。可以说，一切发明创造都离不开变通性思维。所以你应该从小注重开发自己的思维变通性，让自己的思维更加开阔，看待问题更

加全面，不让自己出现"思维短路"的情况。

【趣味小测试】

你是属于哪一类人？

有一天，你在森林里遇到了一位巫婆，她送给你一瓶能够预测未来的药水，并且告诉你："只要喝掉这瓶药水，你就能够预知一生所有的事情。"这时，你会怎么做呢？

A.有点感兴趣，但是不会喝这瓶药水。

B.很想知道自己的未来，然后毫不犹豫地喝下整瓶药水。

C.只喝下能够预知明天事情的分量就够了。

D.只喝下能够预知未来一年事情的分量。

E.先保存着，等到有需要时再喝。

答案分析：

选择 A：你很有自己的想法，也拥有很强的自信心，就算遇到困难也会自己想办法解决。

选择 B：你是一个拥有强烈好奇心和冒险精神的孩子，不过，你经常太注重事情的结果，而忽略了努力的过程及苦心。

选择 C：你是一个小心谨慎的孩子，对于自己很负责任，也让同伴愿意安心地把任务交托于你。

选择 D：你对未来抱有很大的期望，经常梦想自己能够抓住机会，也希望能够有人出现，助你一臂之力。

选择 E：你是一个很理性的孩子，凡事都注重合理，喜欢追根究底，有时候不会变通。

不同的眼界，收获也会不同

在美国西部的一个贫穷小山村里，有两个年轻人都满怀着梦想，希望能够干出自己的一番事业。这两个年轻人，一个叫史蒂文，一个叫托马斯，他们还是堂兄弟。

有一次，盼了好久的机会终于来了，村里决定请两个人把附近河里的水蓄到村广场的水缸里去。于是，史蒂文和托马斯挺身而出，接下了这份"艰巨"的工作。两人都提着水桶，往河边走去。到了日落的时候，他们终于把村广场的水缸装满了水。村民们按照每桶水一美分的价格给他们支付了报酬。

第二天，史蒂文闷闷不乐地说："一天才几十美分的报酬，却要这样来回提水，不如我们修一条管道把水引到村里吧！"托马斯却说："我们现在有一份不错的工作，如果我们每天提一百桶水的话，就有一美元的收入了！这样一个星期后，我们就能够买一双新鞋子；一个月以后，我们可以买一头水牛；六个月后，我们可以盖一间新房子……我现在拥有村里最好的工作，所以你还是放弃自己的管道梦想吧！"

史蒂文坚持自己的想法，开始挖自己的管道，哪怕每天只是短短的一英寸。托马斯和村民们一起嘲笑史蒂文，托马斯赚得钱还比史蒂文多一倍，他把自己新买的东西拿到史蒂文面前炫耀，史蒂文却仍然不为所动，坚持挖自己的

管道。

几年的时间过去了，托马斯靠提水赚了一些小钱，不过都花掉了，整个人还是一贫如洗。史蒂文的好日子却终于来到了——他的管道工程终于完工，现在村里源源不断地有新鲜水供应了。史蒂文也不用再提水，每天赚的钱却越来越多。

管道的连通，让托马斯失去了自己的工作，史蒂文找到托马斯说："我想教你建造管道，然后你再教其他人，然后他们再教更多的人，直到管道铺满本地区的每个村落，最后全世界的每个村子都有管道送水了，这样多好啊！"

史蒂文微笑着继续说："我们只需要从流进这些管道的水中赚取一个很小的比例，流进管道的水越多，就有越多的钱流进我们的口袋，我所建的管道不是梦想的结束，而只是开始。"

托马斯终于明白了这幅宏伟的蓝图，他也笑了，并且向史蒂文伸出了自己粗糙的双手。

一个人眼界的高低，决定了他收获的多少。史蒂文勇于创新，善于开拓眼界，于是摆脱了提水的命运；而托马斯安于现状，不懂得转变自己的思维，最终只能是失业的结局。

【哈佛成长小贴士】

哈佛很重视培养孩子的创造力和创新思维，因为它们是学生成功地完成某些创造性活动的基础。一个人的创造力和创新思维，不单单来自于先天遗传，还会受到后天环境的影响。

现代的心理学研究表明，在实现创新的过程中，我们必须对自己固有的经验和观念进行一部分的否定和再造，这样才能不断提高人们的创新能力，让人们的脑海中涌现出更多新奇的想法。事实上，我们所拥有的知识和经验都只是一种客观存在，能够让它们发挥作用的主体还是我们自己，只有我们自己才能进行思考和创新。

孩子成长的过程，也是一个独立自主的过程，想要做独立的自己，首先应该保证自己的思想是独立的，你可以通过许多方面来寻找丢失的创造力，

并且不断提高自己的创造力，多思考，勤动手。也许在你身边存在着许多难题，如何运用自己所学的知识去解决问题，在思考中你就要暂时忘掉其他人提出的解决办法，运用你自己的创造力，重新寻找一条路，此时思考和创新就变得十分重要，只要我们勤于思考，积极发挥自己的创造才能，就可以轻松解决诸多问题。如果你养成了独立解决问题的能力，那么创造力也会得到全面的提高。因为很多创新就源于我们的生活，就在我们自己的头脑之中。

学习文化知识对于孩子来说相对容易，如果连容易的事情都做不到，想要实现创新就会比较困难。所以，你目前的任务就是刻苦学习，只有这样才能在将来拥有大的发明以及大的创造。

【趣味小测试】

你的创新能力如何？

儿童节前夕，你被学校任命为儿童舞会的总策划，你将怎样策划这场舞会呢？

A. 你会设计一个别出心裁的方案。

B. 在往年的基础上做一些变动，方案出来后先寻求同学及老师的意见。

C. 为确保万无一失，按照往年的大众风格来设计。

答案分析：

选择 A：你拥有较强的创新精神，喜欢与众不同，而且总能想出别出心裁的好点子。人们对你的评价也有很大出入，有些人认为你不安分，哗众取宠；也有些人欣赏你这种总是令人出乎意料的风格。

选择 B：你善于在创造性与习惯做法之间找到均衡，你具有一定的创新意识，不墨守陈规，经常会提出一些新颖的想法。但同时你也很注意尊重人们的传统习惯，不会做出过于惊世骇俗的事情。

选择 C：你属于循规蹈矩的人。你认为既然制订了规章，必定有它存在的道理，所以最好还是遵守它，这样才能保证正常的秩序。

你也是"受伤的苹果"吗

亨利是一名优秀的果农,他在美国新墨西哥州高原上经营着自己的果园,每一年他都会把成箱的苹果以邮递的方式零售给顾客。

为了吸引更多的顾客,亨利打出了一则很"诱人"的广告,他说,如果邮寄的苹果让顾客感到不满意了,只要顾客提出要求,就算不退回苹果,他也会把所有的订金都退还给顾客。这样的广告一出,自然又多了许多预约的顾客。

有一年冬天,新墨西哥州高原下了一场罕见的大冰雹,这让所有颜色鲜艳的苹果都受到了损害。眼看着一个个色彩鲜艳的大苹果变得伤痕累累,亨利感到心痛极了。

亨利心想:"这样的苹果肯定不会让顾客感到满意的,这样冒着退货的风险,还不如干脆退还订金呢!"无论怎么去处理这些"受伤的苹果",都是让亨利感到头疼的事情。

亨利越想越生气,最后歇斯底里地抓起受伤的苹果就咬。忽然,他的动作停顿了,原来紧皱的眉头也舒展开来,他发现这苹果比以前更香甜、更脆、更多汁味美了,只是外表不那么好看而已。亨利拍拍脑袋说:"呀,这是多么矛盾啊,好吃却不好看!"

接下来的日子，亨利一直在想办法进行补救，有好多天，他都睡不好，因为闭上眼睛就会想那些事情。终于，他的脑海中有一个全新的想法，他决定像往常一样把苹果装箱送邮。第二天，开始实施自己的想法，把苹果装好箱之后，他在每一个箱子上附了一张纸条，上面写着："这次奉上的苹果，表皮虽然有一点受伤，但是请不要介意，那是冰雹造成的，是真正在高原上生长的证据。高原上往往气温骤降，因此苹果的肉质比平时更结实一些，而且还产生了一种风味独特的果糖。"

顾客在看到纸条之后，都产生了强烈的好奇心，于是迫不及待地拿起苹果，认真地品尝起来。大多数顾客在品尝完之后都会感叹说："嗯！真是好极了！这才是高原苹果特有的味道！"

凭借一张小纸条的创意，亨利不仅让可能滞销的苹果卖了出去，还为自己赢得了大量专门为此苹果而来的订单。很多顾客都说："受伤的苹果味道确实不一样，那可能是我吃过的最好吃的苹果了。"

追求完美是人之常情，可是世界上并没有十全十美的事物。对于事物存在的某些缺陷，你是接受还是排斥呢？亨利的成功让我们明白一个道理：巧用缺陷也是一个帮助我们走向成功的好方法。从某种意义上来说，有缺陷也不一定全是坏处，只要合理利用，就会物尽其用，人尽其才，就像故事中"受伤的苹果"一样，正因为遭受到冰雹的打击，才变得更香、更脆、更多汁味美了。

【哈佛成长小贴士】

很多孩子都觉得自己不够完美，尤其当他们发现自己身上的某些天生或者无法改变的缺陷时，就会自怨自艾，认为自己的人生不会有太大的成功。

不过，哈佛大学却告诫学生们，不管你有多少的不足或缺陷，也不管在你的成长过程中，做了多少不可理喻的傻事，都要从现在开始停止对自己的责备与挑剔，要学会重新给自己定位，要从不完美的人生中追求最完美的成功。至少你应该明白以下几件事：

世界上并没有绝对的完美

追求完美，是人之常情，可是任何事物都会存在一定的缺陷。比如代表

着爱与美的维纳斯只有一只手臂，可是却被称为世界上最完美的艺术品。过去的岁月里，有很多艺术家都尝试着将维纳斯的断臂修补上，可是最后都以失败告终。因为无论给维纳斯加上一只怎样的手臂，都没有之前那样完美。所以说，世界根本没有绝对完美的事物，如果你一定要让自己变得完美起来，那么肯定会付出惨痛的代价，并且得不偿失。

学会接纳自己的"不完美"

如果你正在成长，也渐渐学会正确地认识自己，那么一定能够接纳自己的"不完美"。这也意味着你能够认识到自身的局限性，不再对自己进行消极的评价了。当你真正做到这些之后，就不会将时间都用在自卑和沮丧上，而会利用自身的资源去弥补自己的缺陷，去增强自身的能力，这样就会少走弯路了。

可以将"完美"当成一种追求

如果你是一个完美主义者，那么就将"完美"当成一种追求吧！因为过分地追求完美无缺，只会增加自己的心理负担，最终导致失败。所以完美就像你心中的宝塔，你可以尽量去塑造并且向往它，尽量与它靠近，却不能将它当成现实的存在，因为追求极致的完美，只会让你陷入无边的痛苦和矛盾之中。同样，就算你自身拥有一些缺陷，也不要因此闷闷不乐，甚至自暴自弃，要相信不完美的人生也可以活得很精彩。

【趣味小测试】

你是完美主义者吗？

如果你要去参加一次秘密行动，在这之前你必须在一分钟内找到自己拍档，以下哪句话最能够引起你的注意呢？

A. 我是和平的。

B. 我拥有爱心。

C. 我是成功者。

D. 我独一无二。

E. 我什么都知道。

答案分析：

选择 A：你希望所有人能和平共处，害怕引起冲突，能平和接受不同意见。生性友善，不好竞争，能站在中间为对立的双方说话。

选择 B：以别人的感受为先，能轻易体察人心，并给予协助，有"你快乐所以我快乐"的心态，经常一腔热诚地帮助别人。

选择 C：你的生存目标就是"成功"，因此会自主学习，而且效率惊人，在未完成一件事前很少会被周遭的事物影响。

选择 D：爱不断追求独特性，容易在打扮上或才华上表现出来。拥有过人的创造力，对美感有独到的追求。情绪高涨，对不幸的人充满同情心，会抛开自己的麻烦去支持别人。

选择 E：你的性格比较内敛，能够客观地分析环境，心思缜密，酷爱资讯及知识，不过并不善于与人打交道，专心做事，很少会有太大的感情起伏。

农场变成了 "响尾蛇村"

你知道哈佛大学的成功源于什么吗？当然是源于她永远改革、永远创新、永远追求的校园精神。哈佛教授经常会对学生说："只要你拥有与众不同的想法，就能开创不一样的未来。"很多时候，你的想法就像 "画笔" 一样，想法有多么创新，未来就有多么绚烂。

至少你要知道，这个世界上没有不可能的事情，只要你敢想、敢做，就能够获得理想中的成功。事实上，一些看似很糟糕的境况，只要转动一下自己的脑子，就会取得意想不到的结果。比如下面这个故事：

在美国的弗吉尼亚州，有一位农夫很辛苦地工作，每天都在自己的小农场里奋斗。多年以后，他终于有了一笔存款，于是他将自己的小农场卖掉，又重新买了一个大农场。

可是，在买下农场不久后，农夫就发现自己上当了，心里后悔不已。原来，那个农场环境很差，是一块贫瘠的土坡地，既不适合种植，也不适合放牧，只能生长一些用途不大的白杨树，最让农夫感到绝望的是，漫山遍野都能看到可怕的响尾蛇！

面对这样的情况，农夫感到手足无措，难道自己这些年的努力都白费了吗?

他绞尽脑汁,想了很多很多,最终意识到自己不能够把时间用在后悔上,而应该立刻寻求解决的办法,改变不利的现状,并且从中获得利润才行。

后来,他终于想到了一个好办法,那就是把这片贫瘠的土地改造成响尾蛇生产基地。

这位农夫也是敢想敢做的人,他又借了一笔钱,开始了自己的这个大胆的计划。他还把捕捉到的响尾蛇全身都加以利用——蛇皮以高价卖给皮革制造商,内脏和蛇毒卖给制药厂,蛇肉用来制作成罐头出售,然后销往美国各地。

短短的几个月之后,市场的反应特别好,农场也开始赢利了。农夫知道,光靠捕杀是不行的,这样持续下去只会让响尾蛇的自然产卵数量越来越少。于是,他又找来专业人员,在农场内围了一片区域,作为饲养响尾蛇的地方。

这位农夫凭借自己独特的想法,以及坚持不懈的努力,仅仅用了几年时间,就把生意越做越大了。每年到农场参观的游客也有好几万人,这给农场带来了丰厚的收益。后来,这个农场的名气越来越大,农场所在的村子也变成了远近闻名的响尾蛇村。

这位农夫的经历值得每一个孩子学习,要知道成长的道路不可能永远一帆风顺,不过黑暗中却时常孕育着光明,挫折中也隐藏着机会。所以,无论在生活中遇到什么样的困难,你都要勇敢地去面对,去寻找原因和出路,努力地战胜它。只要你能够拥有与众不同的想法,能够用慧眼去发现潜在的机遇,就一定能够反败为胜,变成一个真正的强者。

【哈佛成长小贴士】

哈佛教授经常会对学生说的一句就是:"思维是核心竞争力,因为它会不断催生出创新,指导实施,更会在根本上实现成功。"这样说来,一个人的想法,会直接影响他的未来成败。

你知道人类从原始社会走到今天,从最初的一无所有,到现在各种商品琳琅满目,依靠的是什么吗?所有物品被一件件生产和发明出来,整个过程都离不开"创新"两个字。

什么是创新？创新就是人的想象力与实际行动创造的生活中的一切，也就是人的不一样的思维方式。比如能够将一处荒芜的农场，变成远近闻名的旅游村；或者一个低收入的家庭，通过制定计划使得家庭状况有所改变。这些都是所谓的创新。正如拿破仑·希尔所说："创新就是力量、自由及事业成功的源泉。"前苏联教育家苏霍姆林斯基也说过："创新是生活最大的乐趣，成功也来自创新。"

因此，一个孩子如果能够有所创新，那么他的生活一定会充满乐趣；一个孩子如果能够在学习上有所创新，那么他的成绩也会蒸蒸日上。当然，创新并不是所有"小天才"的专利，就算是最普通的小孩子，也能够产生新奇的创意。这样说来，创新也是一种比较轻松的方式。尤其是在一些看似很糟糕的境况下，创新往往能够帮助我们获得意想不到的结果。

这个世界上没有不可能的事情，只要你勇于创新，展开自己的思路，就能够找到不一样的出路。你一定听过这样一句话："没有做不到，只有想不到！"只要你敢想、敢做，就一定能够开辟出属于自己的天地。

【趣味小试题】

一天下午，雷克斯正在家里洗碗，他的表弟来了，问他："你怎么洗这么多碗？"雷克斯回答说："家里来了很多客人。"表弟问："多少人？"雷克斯说："我也没有数，只知道他们每人用1个饭碗，2个人合用1个汤碗，3个人合用1个菜碗，4个人合用1个大酒碗，一共用了15个碗。"表弟想了想，还是不知道来了多少个客人。你知道吗？

答案：
12个客人。

路都是踩出来的

你一定听过这样一句话："世界上原本没有路，走的人多了，也便成了路。"这样的现象也经常在我们身边发生——很多人喜欢横穿公园的草坪，久而久之就走出了一条"捷径"。当然这是一种不文明的现象，不过也告诉我们一个道理：人们在面对一些阻碍与难题时，总会想出解决的办法。有的时候，按照事物本身的规律来解决问题，也许效果会更好。

在德国，有一位年轻的风景园林设计师，他在汉堡的中心街区设计了一个十分精美的绿篱，还别出心裁地设计了几条供人通行的小径作为过街的通道。可是让他万万没有想到的是，绿篱在建成后不久，就被过往的行人踩踏得一塌糊涂了。

这到底是怎么回事呢？年轻的设计师对此十分疑惑，他不知道，为什么行人放着好好的鹅卵石小径不走，非要去踩踏绿篱呢？后来，他去请教一位著名的园艺大师，大师告诉他说："可能是你的设计并不符合行人的需要。不如你将小径和绿篱都统统拆除，留出光溜溜的一片土壤，在上面种上花草，让行人任意踩踏行走，过一段时间草地上自然会留下行人们踩出的小径了。"

年轻的设计师听从了园艺大师的建议。没过多久，行人果然在草地上踩

出了一条条蜿蜒起伏、错落有致的小径。年轻的设计师在这些小径上铺了鹅卵石，又在小径两侧种上了花草。这些小径的设计既满足了人们的行走需求，又自然而优美。

从此以后，再也没有行人践踏绿地了。

对于行人来说，最适合自己的路线，肯定只有自己才知道，设计师把小径设计得再好，也会有"不合适"的地方。最后，行人根据自己的需要踩出一条小径，这才是最好的设计。这个故事让我们明白，任何事物都有它的发展规律，如果能够顺其自然，按照事物本身的规律解决问题，往往能够找到解决问题的最佳方法。

【哈佛成长小贴士】

每个孩子都希望自己聪明优秀，就像哈佛精英一样出类拔萃。其实想要做到这样也并不难，哈佛心理学教授指出，孩子的智力会受到基因的影响，可能天生就有区别，不过这并不代表孩子的成就会被限制，只要能够丰富、激发孩子的大脑，就能够让孩子发挥出惊人的创造力与学习力，并且善于开拓思维，走出属于自己的道路。

美国心理学家达威尔说："应该给孩子更多的自由探索时间，不管是运动、音乐还是其他活动，都能够有助于提升孩子的思维能力，让孩子拥有开拓创新精神。"那么，对于成长中的孩子来说，应该如何让自己拥有开拓创新的能力呢？

首先，要成为大脑的主人

孩子必须把自己当成独立的个体，要相信自己拥有与生俱来的无限潜力，要成为自己大脑的主人，不要认为"别人都那样想、那样做，所以我也应该那样想、那样做"。

其次，把"我能"放在心中

当你拥有"我能"的自信之后，就能够拥有更多的正面思维，能够让头脑转动保持在最佳的状态，这样也能够保证很多有创意的想法产生，圆满实施各项计划。

第三，根据时间开发潜能

孩子在不同的年龄段，会有不同的潜能开发期，比如0至3岁是由运动和感觉体验达到学习的目标；4至8岁开始转向更高层次的逻辑思考学习；9岁以后开始产生更多的创新与经验。所以根据时间来开发大脑的潜能，对于孩子能够产生深远的影响力。

第四，一定要保证充足的睡眠

充足的睡眠对于大脑的发育与运转，都有很大的影响，小学生每天至少要保证8至9小时的睡眠时间，让大脑处于放松状态，并且要学会放松心情，轻轻松松地学习知识。

【趣味小测试】

每个孩子都有自己独特的一面，只是大多数孩子自己并不知道而已。现在你就可以做一个心理测试，来看看自己到底有什么不同之处吧！

如果周六阳光明媚，你决定和同学一起去沙滩上玩。正好你又在沙滩上捡到一枚贝壳，你觉得它会是什么样的颜色呢？

A. 红色。

B. 黄色。

C. 绿色。

D. 紫色。

E. 蓝色。

答案分析：

选择A：你最出众的能力就是总有千奇百怪的想法和创意。无疑，你很有开拓精神，对新鲜事物充满了好奇心。如果你能将这些想法变成各种发明，说不定下一个乔布斯就是你哦！

选择B：你最出众的能力就是你的机智。你很聪明，脑子转得快，反应也很快。如果能将你的这种机灵发挥到一个好的地方，那么你就一定会是一个成功的人。

选择C：你最出众的能力就是保持自己身体健康的能力，可能你自己都

没有注意到。你学过很多养生知识，你年龄越大，身体反而越显得有活力，实在是让人羡慕。

选择 D：你最出众的能力是第六感非常强，你的猜测通常正确，让人佩服不已。如果你能够回到过去，又肯下苦功学的话，说不定会成为一个占卜师！

选择 E：你最出众的是你拥有非常棒的理财能力，就算不能成为大富翁，你也能凭借自己的能力过上自己想要的生活。

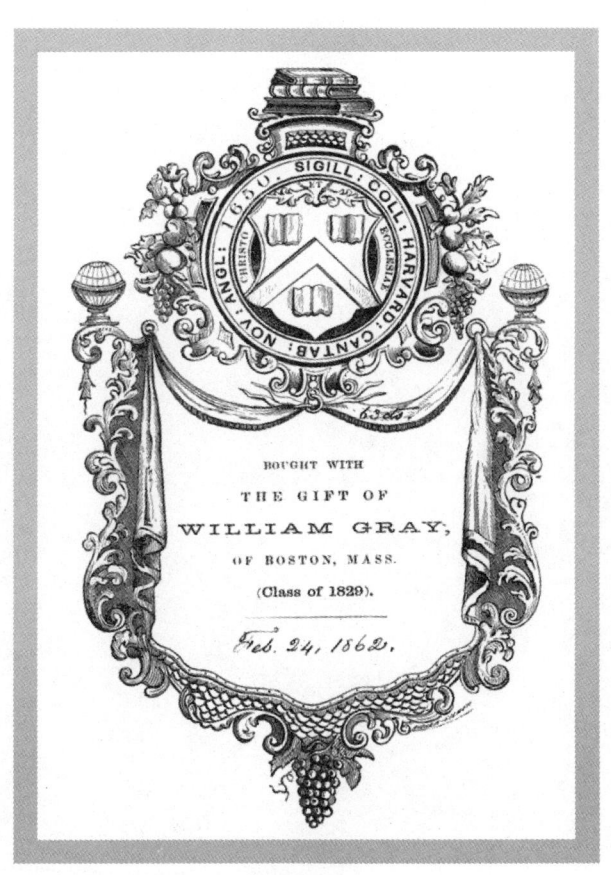

哈佛大学图书馆藏书票欣赏

第二章

自己的决定是独立的宣言

　　现在的孩子大多都是独生子女，在家里不是"小公主"，就是"小皇帝"，整天过着饭来张口、衣来伸手的安逸生活。由于从小养尊处优，他们通常都缺乏独立自主性，意志力也普遍很弱。如果你也是家里的"小公主"或者"小皇帝"，那么就从现在开始发表自己的"独立宣言"吧！只有独立自主的人，才有能力进入哈佛大学！

生存的开始就是自立

自立是生存的开始，也是成功的保障。如果一个人总是要靠别人的搀扶才能行走，要靠别人的指点才知道如何行动，那么一旦失去别人的帮助，自己就没办法生存下去了。

自立不仅是人类生存的基础，在动物世界也是如此。你知道吗？当一群小狐狸长大一些之后，狐狸妈妈就会"狠心"地将它们赶出家门，曾经很爱小狐狸的狐狸妈妈就像发疯了似的，对小狐狸又咬又赶，再也不让它们进自己的家门了。最后小狐狸只能选择默默地离开，开始属于自己的独立生活。也许你会觉得这样"狠心"的驱赶会很残酷，不过这也是小狐狸们成长所必须经历的阶段，当它们真正学会独立生活之后，肯定也会感激狐狸妈妈当初的"绝情"。这是一种理智的生存智慧，值得孩子们去学习。

关于自立，哈佛教授还在课堂上讲过这样一个故事：

在比尔·克林顿7岁那年，父亲在温泉城外买了一个小小的农场，还专门雇佣了一名女佣。克林顿家并不算富有，只是因为霍普人的传统才雇了一名女佣。

每天，当克林顿的父母去上班之后，女佣都会要负责照顾克林顿和弟弟

罗杰的生活起居。可是，7 岁的克林顿却基本上不需要女佣的照料，无论大事小事都尝试着自己去做。不仅如此，还会主动帮助女佣一起照顾年幼的弟弟，陪小家伙玩耍，哄他睡觉。克林顿的母亲回忆说："克林顿那样去做，完全是出于自主的，因为没有人告诉或者要求他要那样去做。"有时候，克林顿还会抢着去做女佣应该做的事情，让女佣感到十分为难。

女佣名叫玛丽，是一位拥有虔诚宗教信仰的白人妇女，她对克林顿的行为十分赞赏，并且断定他将来一定会成就伟大的事业。玛丽说："我很早就发现克林顿身上的与众不同了，他对人很有礼貌，也很友善，而且拥有很强的责任心与领导力。学校的一些小家伙经常围绕着他，把他当成一个'领导者'。每次回到家中，他也不用其他人督促，自己就能够把自己的事情做完，我们一点也不用操心。"

后来，克林顿成为了美国的总统。

很多人都认为，克林顿的成功和小时候的独立自主精神有关，因为他从小就能够自主做好自己的一切事情，这样的自主性不是所有孩子都拥有的。

【哈佛成长小贴士】

一位哈佛教授说过："如果不能主宰自己的人生，那么你将永远成为一个奴隶。"在孩子的成长过程中，学会自立是第一门重要的课程，只有学会自立，才有能力主宰自己的人生。

曾经有一份关于小学生自理能力的调查报道，结果显示每天需要父母帮助整理书包的占 38%，需要父母帮忙洗脚的占 52%，需要父母帮助穿衣服的占 59%，没有父母陪读就不做作业的占 47%，不会做作业而由父母代劳的占 38%，其中只有一个学生独立完成了作业，因为他的父母是文盲。由此可见，现在的孩子都缺乏应有的自理与自立能力，必须加强培养才行。

想要培养自己的自立能力也不是一件难事，只要在日常生活中注意做到以下几点：

不要凡事依靠父母

很多时候，孩子缺乏自立能力，都是因为父母的过分"宠爱"。每当孩

子有事情需要帮忙时，父母总是第一时间"挺身而出"，这样就会让孩子形成依赖心理。其实，当你遇到问题或者有事情需要解决时，最重要的还是依靠自己去解决，只有到了真正需要寻求帮助的时候，再向父母或老师寻求帮助。

面对困难，自己去解决

现在人们的生活水平提高了，孩子要面对的困难也比较少，在顺境之下，面对困难、解决困难的能力也越来越差了。所以，当困难出现的时候，无论是生活中的事情，还是学习中的问题，你应该尽量依靠自己去解决。

做一些力所能及的家务

现在的孩子自立能力差，还有很多孩子连最基本的生活自理能力都没有。要加强自己的生活自理能力，平时最好能够自己起床、做饭、洗衣服，并且尽量多帮助爸爸妈妈做一些力所能及的家务。一个生活自理能力较强的孩子，自立能力当然也不弱。

学会自己做选择

很多孩子不仅没有选择的权利，而且也不懂得自主选择，这也是成长过程中的最大阻碍。其实，你应该学会自己去选择，在选择前先对事物进行认真仔细地研究与分析，在做出选择之后，还要为自己的选择负责。尤其当人生的机遇出现之时，你更要学会把握，做出最正确的选择。

【趣味小测试】

你的独立性如何？

在日常生活与学习中，你总感觉会遇到难题，这时候你是打肿脸充胖子，自己去解决，还是会找别人帮忙呢？

A. 先自己解决，如果没有必要，不会去找朋友帮忙。

B. 先找朋友解决，如真没办法，再自己想办法。

C. 不管困难多小，一开始就找朋友帮忙，免得自己把事情搞砸。

D. 不管多困难，死都不找朋友帮忙。

答案分析：

选择 A：你是一个独立性很强的孩子，不管遇到什么困难，都想自己先来，

总是会想出不同的方法，实在不行的时候也不会充当内行，而会找一些救兵来帮忙。

选择 B：你的大脑灵活，懂得如何维护和利用人脉资源来做事。你通常会运用各种方法来缩短与朋友之间的距离，然后让自己的体力与精神得到休息。

选择 C：你是一个比较容易依赖朋友的孩子，这不是因为你的能力不够，而是你经常会给自己消极的心理暗示，认为自己"做不到"或者"做不好"。

选择 D：你是一个很爱面子的孩子，最主要的是你心中有自卑感在作祟。你总认为让别人来帮助你是在贬低你的价值，这不仅伤了你的自尊，也破坏了你的形象，影响到别人对你的看法，因此，你宁愿把自己搞得很狼狈，让自己下不了台，也不愿请人帮忙。

尽早学会独立思考

歌德说："我的忠告是每个人都应该坚持为自己开辟道路，不要被权威所吓倒，不要被别人的观点所牵制，也不要被时尚所迷惑。"这就是一个人的独立思考能力。

孩子想要成长，就要学会独立思考，在遇到问题的时候，首先应该想到的是自己如何去解决，而不是寻求父母、老师或朋友的帮助。只有学会独立思考，才能坚持自己的想法，而不是总让别人来替自己出主意。

美国前总统富兰克林·罗斯福小时候就是一个懂得独立思考的人。年幼的罗斯福长着一双碧蓝色的大眼睛和一头金色的卷发，看起来十分讨人喜欢。因为罗斯福长得乖巧可爱，所以他的妈妈总喜欢用各种服装来打扮年幼的罗斯福。

不过，对于妈妈为自己选择的衣服，年幼的罗斯福并不喜欢。有一次，妈妈想让罗斯福穿绲边的套装，罗斯福就很直接地告诉妈妈："我不喜欢这样的衣服。"还有一次，妈妈想让他穿英格兰短裙，他又拒绝了妈妈的好意，最后妈妈同他一起商量，才最终决定穿水手服。

关于这段故事，罗斯福的母亲萨拉在《我的儿子富兰克林》中这样写道："虽然我们做母亲的会觉得，自己对于孩子服装的安排会很有品位，可是孩子却不一定这样认为。"值得赞赏的是，萨拉并没有强迫罗斯福听从自己的意见，而是尊重了孩子的想法。对此萨拉写道："我们从来不曾试图对他施加影响来反对他的喜好，或者按我们的模式规定他的人生道路。"由此可见，父母愿意放手让孩子去做自己的决定，对于孩子的成长来说也十分重要。

对于成长中的孩子来说，做人做事，首先就要学会独立思考、明辨是非，能够坚持自己的观点。所谓的独立思考，就意味着要学会自己去拿主意，要勇于坚持自己的想法。当你真正拥有了独立思考能力之后，就向成长迈进了一大步！

【哈佛成长小贴士】

哈佛心理学教授认为，一个拥有健康人格的孩子，一定是自由的。他的自由主要体现在他能否自主地，并且有选择性地支配自己的行为，能否进行独立的思考，并且做出最正确的判断。这种自主感不是凭空产生的，而是来自孩子对于自由支配的体验。

如果你想创造属于自己的自主空间，那么就要从以下几个方面做起：

遇到事情要学会自己做决定

无论遇到什么事情，你首先要自己思考，应该怎么去解决，然后再听取父母、老师或长辈的意见，从中学习解决问题的经验与技巧，这样不仅能够提高自己的分析能力，还能够培养自己的自主能力。

培养独立思考的能力

你可以在一定的限度内做错事情，但是不能没有反省与思考。那些错误的事情，能够给你经验，让你避免很多类似的错误，所以你应该在错误中进行独立思考与自我服务。

不要产生依赖心理

当你遇到困难的时候，不要轻易向外界寻求帮助，而应该靠自己去解决。随着你的年龄不断增长，你的责任心与独立性也会渐渐增长，你也可以渐渐减少对于外界的依赖，有更多的自由去管理自己的事情。

学会承担责任

既然你是一个独立自主的孩子，那么你就必须学会对自己的决定负责，比如你可以用一天的时间，把一星期的零花钱都用光，但是你必须承受其余几天没有零花钱的苦恼。自主能力通常都是在不断成功与不断失败中培养起来的，所以你也不要太在意失败。

【趣味小试题】

一个人生于公元前 10 年，死于公元 10 年，死的那一天正好是他生日的前一天。请问，此人死时到底是几岁？

答案：

18 岁。

哈佛独立宣言：我的成长由我做主

美国第35任总统约翰·肯尼迪毕业于哈佛大学，为了纪念这位深受美国人民喜爱的总统，哈佛大学还专门建立了肯尼迪政治学院。在那里，有很多关于肯尼迪小时候的故事：

小时候的肯尼迪乖巧听话，不过依赖心理较强，所以父亲很重视培养他的独立性格。

有一次，肯尼迪的父亲赶着马车，带着肯尼迪一起出去游玩。没想到在一个拐弯处，马车倾斜了一下，把肯尼迪甩了出去，重重地摔到了地上。当马车停住时，肯尼迪以为父亲会马上下车把自己扶起来，可是父亲并没有那样做，而是独自坐在马车上吸起烟来。

小肯尼迪趴在地上，可怜地对父亲说："爸爸，您快下来扶我一把啊！"

没想到，父亲不以为然地对他说："你摔疼了吗？"

小肯尼迪哭着说："是的，我感觉很疼，而且已经站不起来了。"

"那也必须马上爬起来，立刻坐上马车。"父亲收回了自己的目光，不再看肯尼迪。

小肯尼迪只好慢慢地爬了起来，摇摇晃晃地走到马车旁，艰难地上了马车。

这时候，父亲才挥舞着马鞭问小肯尼迪："你知道为什么我会让你自己爬起来吗？"小肯尼迪摇了摇头，委屈地说："我不知道。"

父亲目视着前方，很认真地告诉小肯尼迪："人生就是这样的，有跌倒、有爬起、有奔跑；再跌倒、再爬起、再奔跑……无论什么时候，你都要靠自己，因为没有人会去扶你！"

小肯尼迪点了点头，然后望着父亲坚定的表情，终于明白了父亲的用意。

从那以后，小肯尼迪变得自立起来。经过自己的不断努力，他终于考上了哈佛大学，然后又获得了普利策奖，并且在1960年成为美国的第35任总统。

有人说，肯尼迪能够考入哈佛大学，能够成为美国总统，很大一部分原因就在于他小时候树立了独立自主精神。这也是哈佛大学教给学生们的独立宣言："我的成长由我做主！"自立自强是生存的基础，如果一个人总是依赖于别人，又如何独立自主地去追求成功呢？

【哈佛成长小贴士】

心理学认为，每个人都存在不同程度的依赖性，孩子也是如此。如果一个孩子拥有了严重的依赖性，不仅会影响他们的自主自立，还会让他们变得更加软弱、更加迷茫。

那么，依赖性人格是一种怎样的心理呢？让我们来看美国《精神障碍的诊断与统计手册》中对于依赖型人格的特征定义：

1. 在没有从别人那里得到确认之前，无法自行对正常事物做出任何决定；

2. 当需要自己做决定的时候，往往产生强烈的无助感，尤其是面临人生中重大决定的时候，必须得到外界的帮助；

3. 不敢表达自己的观点，就算明知道别人的观点是错误的，也会随声附和，内心害怕被排挤；

4. 缺乏独立性，很难独立开展某项工作；

5. 喜欢讨好别人，逢迎别人，习惯过度忍耐；

6. 不喜欢独处，逃避孤独；

7. 当和自己的亲密友人发生矛盾时，容易心理崩溃；

8.担惊受怕，害怕被人抛弃，时常处于诚惶诚恐之中；

9.过分在意别人的看法，容易让自己受伤。

报告明确指出，只要满足以上五条或者五条以上的人，都具有严重的依赖心理。拥有这样严重的依赖心理的人，通常自立能力较差，在面对重大决策时也无法自己做出决定。在生活中，这样的人通常被别人当成垫脚石，并且被人利用。

哈佛心理学教授在分析依赖型人格时说，依赖心理较重的人通常都有几下几个特点：

首先，他们深感自己软弱无助，当要自己拿主意时，便感到一筹莫展，失去方向。

其次，他们理所当然地认为别人比自己优秀，比自己有魅力，比自己有才华。

最后，无意识地倾向于用别人的看法来评价自己。

如果你也拥有较强的依赖心理，那么就要尝试着去改变了。你必须学会独立自主，凡事要依靠自己的能力去解决，而不是总想着别人。当你的成长完全由你自己做主时，依赖心理也就相对减弱了。

【趣味小试题】

里奇今年 22 岁，他的爸爸今年 50 岁，那么再过多少年以后，里奇爸爸的年龄将是里奇年龄的两倍呢？

答案：

6年。

毕业日就是独立日，一切只能靠自己

很多人都听过莉斯的故事，人们对于莉斯的最多评价就是："这是一个独立的女孩子！"

莉斯出生在一个并不幸福的家庭。她的母亲吸毒并且感染了艾滋病，最终精神崩溃离她而去了。她的父亲也因为酗酒闹事而被关进了收容所。由于外祖父不愿意收留她，她只好流浪街头，过着小乞丐一样的生活。

莉斯过着贫穷无助的生活，不过她并没有被打倒，而是更加独立自强。母亲去世后的几个月，她在没有任何经济来源，也没有精神鼓励的情况下，自己申请进入了一所高中读书。没有地方睡，她就去肮脏的洗碗槽睡，一边打工赚生活费，一边努力学习。她知道自己和其他人不一样，必须更加自立，才有可能让自己生活得更好，而读书是唯一的途径。

当她怀抱着伟大的梦想，想要考入大学时，身边的人几乎都不看好她，并且打击她说："你的情况和别人不一样，根本没有进入大学的可能。"不过，莉斯并没有被动摇。她花了两年时间，把高中四年的课程都学完了，而且每门成绩都在 A 以上，还拿了全年级的第一名，幸运地得到了参观哈佛大学的机会。

在看到哈佛的那一刹那，她的心被震撼了，她知道这就是自己一直梦寐以求的地方。

不过，想要上哈佛大学并不是一件容易的事情，她必须申请到助学金才行。为了实现自己的哈佛之梦，她找遍了所有的助学金资讯，发现《纽约时报》会提供全额的助学金。这是她进入哈佛学习的唯一机会。面试那天，她穿着很破烂，不过当她讲述了自己的经历之后，所有的面试官都动容了。她因此获得了《纽约时报》1.2万美金的全额助学金，并且通过自己的不懈努力，最终实现了自己的哈佛之梦。

在领取助学金的那天，莉斯对所有人说："我生命的每一刻都在不断成长中，我会变得越来越强大，直到真正自立的那一天。"

莉斯原本是一个父母无力照看，又被亲人抛弃的小女孩，可是在她经历过重重的困难之后，却没有想过要放弃自己。正如她在哈佛毕业典礼上所说："这个社会可以放弃你，你的父母可以放弃你，但是你没有理由放弃自己，要知道生活的每一天都是独立日，一切都只能靠自己。"

【哈佛成长小贴士】

哈佛前任校长萨默斯在哈佛毕业演讲中，对于即将离开哈佛的学生们说："你们将开始自己的独立人生，从此不再依赖于他人。在场的父母们，作为哈佛的校长，我可以很负责任地告诉你们，好消息来了，学费账单已经完事。作为美国前任财政部长，我又要将一个坏消息告诉你们，那就是你们不能够再声称自己的孩子还未独立。"

在萨默斯校长看来，哈佛学子的毕业日就是"独立日"。虽然在没有毕业的时候，很多学生已经在磨炼自己的独立素质，为踏入社会做好准备，不过等到毕业以后，这样的转折还是会给人一种"残酷"的感觉。这也让我想起了德鲁·斯福特校长的一句话："我这两天才知道哈佛早在毕业前几天就已经不向学生提供伙食了，虽然有比喻说'早晚会给学生断奶'，不过没有想到后勤还真早早地就把学生的'奶'断了。"

食堂里不再有伙食提供，这样的转折意味着不能再把自己当成一个学生，也不能再事事依靠父母或长辈，而是将把自己当成一个完全独立的人，凭借自己的才华和贡献，找到属于自己的人生坐标。要知道，任何人都不可能永远依赖别人。正如富豪洛克菲勒对自己儿子所说的那样："亲爱的约翰，你希望我能够一直陪伴着你，与你一起出航，这听起来很不错，但是我不是你永远的船长。上帝为我们创造了双腿，就是让我们靠自己的双腿去走路。所以亲爱的，你必须学会独立，用自己的双腿，走出自己的成功。"

每个孩子在成长的过程中，都会迎来属于自己的"独立日"，这一天或许是因为毕业，或许是因为生活的变故，因此你必须早早地学会独立，未来的一切都能只靠自己！

【趣味小试题】

有一天，弗恩问威廉："有一个三位数，在 400 到 500 之间，个位数比百位数大 3，十位数比个位数小 5，请问这个三位数是多少？"威廉想了一下，没有回答上来。你知道那个三位数是多少吗？

答案：
427。

保持本色，你不可能变成任何人

世界是多姿多彩的，我们每个人也是多姿多彩的。

戴尔·卡耐基从密苏里州的乡下到纽约的时候，曾立志要成为一名出色的演员，于是他报考了法国戏剧学院。当时，他有一个自以为很聪明的想法。

他要模仿那些著名的演员，集所有优点于一身。不过，最后他却说："我是多么愚蠢可笑啊！居然浪费了那么多时间去模仿别人，而不知道保持本色去做自己。"他渐渐明白，想要成为一位优秀的演员，就必须学会保持自己的本色，因为你不可能变成任何人，只能是你自己。

这样"失败"的经历让他久久难忘，可是后来他在写一本关于演说的书时，又犯了类似的错误。他想把其他作者的观点，都"借"过来放在自己的书里——他以为这样可以使自己的书包罗万象。于是，他买了十几本关于公众演讲的书，花了整整一年的时间把它们的观念尽收在自己的作品中，结果却发现把别人的观念凑在一起而写的"大杂烩"，实在让人难以下咽，于是他只好把这道"菜"扔进了垃圾桶中。

事后卡耐基对自己说："一定要保持自己的本色，不管你的能力有多差，也不管你的错误有多少，你也不可能变成任何人。这就是成长所需要明白的

事。"于是，他开始做自己喜欢的事，开始以自己的观点来写自己的书。他对自己说："我可能没办法写出一本足以和莎士比亚相媲美的书，但是我可以写一本属于自己的书！"

【哈佛成长小贴士】

哈佛学子是一群充满正能量的人，他们知道如果一个人的脑子里塞满了负能量，他会渐渐迷失真实的自己，会变得越来越不关心别人，越来越没有理性。太多的负能量如果没有及时排解，那么它就会积少成多，在不知不觉中增加你的心理负担，让你悲观绝望。

成功的人必定是充满正能量的，他们自信而不自满，乐观而不盲目，幽默而有原则，他们能够处理好人际关系，能够战胜挫折与困难，他们能够换位思考……总之，他们身上很少会有负能量的东西出现。当生活中不可避免地出现一些困难和挫折的时候，许多人的内心都会产生很多的负能量。如果你将这些痛苦的经历当成一种不公平，或者自怨自艾，那么这些负能量就会让你越陷越深，越来越脆弱，就更不可能成功地战胜它们了。因此，无论遇到怎样坎坷的经历，你都应该保持内心的正能量，要始终热爱自己的生活，用温暖的心灵去面对人生。

每个人都应该拥有的正能量，它们是积极、乐观、宽容、善良、感恩、友爱、从容、淡定……我们只要将它们用在生命的每时每刻，就一定能够拥有无比灿烂的人生。悲观、埋怨、冷漠、暴躁、仇恨等负能量，那些只会不断消耗自己的精力，不断遗失自己的快乐，甚至不断侵蚀自己的生命。

【趣味小试题】

现在让你用外观一模一样的钥匙试开 10 把锁，最多试多少次，就可以分辨出哪把钥匙配哪把锁？

答案：
如果次次成功，最少需要 10 次，最多需要 54 次。

拥有主见，大胆说出你的观点

经常会有父母或老师说："要做一个听话的好孩子！"听话，就是大多数人对于"好孩子"的理解。其实，每一个人对待事物都会有不同的评价，孩子也是如此，如果一味地"听话"，而没有自己的主见，未来是很难获得成功的。

在一座森林里，动物们都开始忙碌起来，因为春天到了。小动物们要开始种庄稼、种果树了。

小猴子种了一棵桃树，因为它最喜欢吃桃子了，一想到过几年就能够吃到香甜的桃子，它便开心地歌唱起来："我的桃子树啊！五年就能够结果了！"

这时候，一只鸽子从它的头顶上飞过，十分不屑地说："我种的橙子树，只要四年就能够结果了，比你的要早一年呢！"

小猴子抓了抓脑袋，心想："如果我的果树也能够四年就结果多好啊！"于是它把自己种的桃树拔掉，重新种上了橙子树。

没过多久，小白兔又跑过来对小猴子说："我种的香蕉树，只要三年就能够结果了。"

小猴子想："香蕉树比橙子树还要早一年，不行，我得种上香蕉树才行！"

于是，它又把橙子树换成了香蕉树。

又过了一段时间，小猫跑过来对小猴子说："我种的樱桃只要两年就能够结出鲜美的果实了。"

小猴子又动心了，于是又把香蕉树换成了樱桃树。

几年之后，大家都收获了自己所种的果子，只有小猴子两手空空。

因为开始的犹豫，让他错失了植树的最佳季节。这也让小猴子有了一次深刻的教训，至少让它明白了，做人做事，一定要有自己的主见，如果做什么事情都会受到他人的影响，那么最后的结果肯定也不会是好的。

【哈佛成长小贴士】

哈佛教授经常教导学生，人必须忠诚于自己，不要总是顾虑别人的想法，总是想取悦于人。生活的最可贵之处，就在于按自己的想法生活，做你自己，不断丰富充实自己的内心。不论做什么事情，都要坚持自己的想法，要学会独立思考，大胆说出自己的观点。

你必须明白，每一个人对待事物的看法和评价都不同。一味在意别人的看法而没有自己主见的孩子，很容易迷失自己的方向；而那些拥有自己主见，敢于说出自己观点的孩子，更容易主宰自己的命运，也更容易获得成功。当然，想拥有自己的主见，也不是一件容易的事情，因为现在的孩子大多独立性较差，什么事情都想依赖他人。

那么，对于成长中的孩子来说，如何才能拥有自己的主见，让自己成为一个拥有独立思维的人呢？

首先，你必须明白拥有主见的重要性

你可以通过阅读或者长辈的诉说，去了解身边的反面例子与正面例子，即一个没有主见的人，如何遇到困难的选择，如何犹豫不决，最终导致失败；以及一个拥有主见的人，在学习与生活中是如何坚持自己的想法，如何为了梦想而努力奋斗。通过这样的对比，你就能够知道拥有主见的重要性了。

其次，要养成独立思考的好习惯

当你遇到问题的时候，要充分相信自己的观点，要坚持自己的想法，不

要轻易被他人的意见左右。当然，你可以听取他人好的意见，不过对自己，对事件，对他人的意见要有一个正确的认识。当你学会独立思考之后，你就拥有了自己的主见，也能够坚持自己的观点了。

第三，给自己创造"做主"的机会

无论在学习，还是生活中，你都要多给自己创造"做主"的机会，要充分相信自己的能力，在学习中要有自己的计划和安排，并且懂得去实践。这样你就能够慢慢从"没有主见"变成"很有主见"，最终成为一个拥有"独立思维"的孩子。

【趣味小测试】

你是一个有主见的人吗？

有一天，邻居家要去外地旅游，将一只可爱的小狗寄养在你家，你渐渐喜欢上了这条小狗。几个月过去了，邻居家旅游归来，准备将小狗接走，这时你会有怎样的反应呢？

A. 心中有一点淡淡的落寞。

B. 难过得大哭好几天。

C. 请求邻居将小狗送给你。

D. 虽有不舍，却也觉得如释重负。

答案分析：

选择 A：你相当有主见，也有一套自我的生活目标，不太会因为一些没有建设性的事而浪费时间，理性远远超越感性。

选择 B：你很容易受环境影响，对于是非善恶没什么辨别能力，最好谨记近朱者赤、近墨者黑的原则。

选择 C：只要对方敢要求，你就不会说"不"，所以你是一个没有原则的好人，也因此容易成为别人利用的工具。

选择 D：你对于自己没有兴趣的事，可能连碰都不想碰，但对于自己喜爱的事物会无法自拔，反应两极化。

打开一束属于自己的光

那一年，才17岁的兰德刚刚考入哈佛大学。

一天深夜里，兰德独自走在繁华的百老汇大街上，不时从他面前驶过的汽车都带着刺眼的车灯，让他的眼睛怎么也睁不开。他用手揉了揉自己的眼睛，埋怨道："这些车灯太刺眼啦！"

他一边走路，一边思考："有没有什么方法，能够既让车灯照亮前面的道路，又不会让行人感到刺眼呢？"兰德觉得这是一个很有研究价值的课题。

于是，回到学校，兰德开始潜心学习和研究。当他有一定的信心与计划之后，便毅然向哈佛提出了休学申请，开始专心研究之后被称为"偏光车灯"的创造发明。

经过几年的努力，兰德终于成功研制出了偏光片，可是当他满怀着希望去申请专利时，却发现已经有四个人申请此专利了。他辛辛苦苦做出的第一项成果就这样白费了。

三年之后，兰德将偏光片进行了改良，专利局才终于把偏光片的专利权给了兰德，这就是他人生中所获得的第一项专利。

兰德的一生都在做自己觉得正确的事情，他没有被世俗和他人的眼光所刺伤，而是打开了一束属于自己的光。坚持做自己，为自己的人生导航，这就是兰德教授的成功秘诀。

【哈佛成长小贴士】

每个孩子都有自己的长处和短处。如果你只看到自己的短处，那么你的人生就会贬值；相反，如果善于发现并且经营好自己的长处，那么你的人生就会增值。

对于成长中的孩子来说，最重要的就是找准自己的人生坐标，找到属于自己的那束光。假如你站错了自己的位置，只看到自己的短处而忽略了自己的长处，或者用短处来经营自己的人生，那么最后只会陷在失败的旋涡中无法自拔。要学会经营自己的长处，哪怕自己的所擅长的事情并不能得到大众的认可，也能够成为你人生中的一笔巨大财富。

有的孩子可能会想："既然是自己的长处，说明已经在某些方面超过别人了，那么还有必要经营吗？"答案是肯定的，因为每个人都在不断进步中，你的长处只是让你在起跑线上拥有了一定的优势，如果你固步自封，甚至消极退步，那么最后只会输给自己的竞争对手。

想要经营自己的长处，就必须做到以下几点：

1.认识你自己，善于发现自己的长处。

2.为自己的长处找到一个用武之地，这样才能有无限的动力支撑着你。

3.适当地做出比较,这种比较仅是和自己的较量,还包括和自己身边的人。

4.取长补短，学会从他人身上吸取经验。

如果你能够做到以上几点，从长处来经营自己的人生，那么成功也将变得很容易。

【趣味小试题】

韦恩是一位老师，他最近搬进了学校的教师宿舍大楼。有一天，韦恩站

在阳台上往下看，下面有 3 个阳台，往上看，上面有 5 个阳台。你知道韦恩住在几楼？教师宿舍大楼共有几楼呢？

答案：
韦恩住在 5 楼，教师宿舍大楼一共有 10 层。

第三章

时刻的总结是成长的"跑鞋"

　　成长是一个慢慢积累的过程，你总免不了会犯错、会跌倒、会陷入困境。面对人生中必须经历的坎坷，你必须学会总结，这样才能帮助你积累经验，避免再犯同样的错误。总结是一种自我反省，是成长路上的"跑鞋"，也是成功的"加速器"。

学会随时随地总结

在学习的过程中，许多孩子都只知道看书、记忆、做题、写完老师布置的作业，可是却不知道总结学习经验和规律，总是一再犯同样的错误。其实，孩子的成长也是如此，如果没有学会随时随地地总结，就无法让自己避免同样或类似的错误。

美国有一位著名的女作家名叫维奥斯特，她的作品不仅在美国畅销，还被翻译成多国文字在世界各地发行。在一次记者招待会上，有人问维奥斯特："请问您这一生中最难忘的事情是什么？"

维奥斯特想了一下，说："是我21岁的生日，它让我感觉难以忘记。"

记者很有兴趣地继续追问："那是一个很特别的生日吗？"

维奥斯特微笑着说："对啊，那是一个十分特别，也十分有趣的生日。"

"那你可以给大家说说吗？"记者也露出了笑容。

维奥斯特点了点头，像是在说一个故事似的，向大家讲述了当时的情形："那天，父亲带我去纽约玩，算是我21岁的'生日礼物'了。那天我穿上了最漂亮的衣服，看起来美丽极了。在途中，我去了一趟洗手间，然后在洗手间照镜子，十分得意忘形。"

"可是，当我从洗手间出来，慢慢地下楼时，却发现人们都在看着我。当然，我知道自己当时很漂亮，可是这足以吸引这么多人的目光吗？随后，我听到自己的身后有一些奇怪的响声，于是回头一看，原来是我的鞋跟上粘着手纸，一卷手纸正跟着我滚下楼——我也终于明白，那些人为什么会一直盯着我笑！"

听到这里，在场的记者都忍不住笑了起来，惊讶地说："啊！那真是太不可思议了！"

"自从那次以后，"维奥斯特说，"每当我觉得不可一世时，总会回头看看自己的身后有没有一卷手纸！"

哈佛大学教育学生要学会随时总结，因为只有把学到的知识转化成经验，才能够变成自己头脑中的智慧。在孩子的成长过程中，也只有经常回头看看，学会总结与反省，才能够发现一些瑕疵及错误。经常总结经验，并且反省自我，能够避免自己忘乎所以。

【哈佛成长小贴士】

孩子正处于成长中，学习是他们最重要的人生大事，可是很多孩子却不懂得如何去学习。哈佛大学也很重视培养学生的学习能力，用一位哈佛教授的话来说就是，哈佛教给学生的不仅仅是生硬的知识，还有获取知识的能力。

学习也和其他事情一样，需要遵循一定的经验和规律。如果不懂得随时随地地进行总结，而只知道埋头苦学，那么付出再多的努力也无法取得理想的效果。当你看到试卷上那不满意的分数时，是否静下心思考过一个问题：你是抱着怎样的态度学习的？

当面对糟糕的成绩时，许多人都会用各种各样的借口来解释，但那些无非是用来证明你不愿意学习、不喜欢学习、不善于学习。要想获得一个满意的成绩，其实，你需要做的仅仅就是改变自己的学习态度，学会随时总结而已。那么，你应该从哪些方面培养正确的学习态度？

学习应该勤奋
我想你一定听过一句话："一勤天下无难事。"正是因为懒惰，我们的

成绩才会一落千丈。学习本无捷径，努力学习还怕学得不够，如果你选择懒惰，那说明你已经选择了放弃。只有勤奋才能让我们获得更多知识，才能不断丰富和完善自己。我们要借助"99%的汗水"让自己获得成功，实现梦想。

学习贵在坚持

半途而废是学习成功的最大敌人。古今中外，成大事的人都有一种最宝贵的品质，那就是坚持。"九层之台，起于垒土"，高楼大厦平地起。学习就像盖房子一样，只有一砖一瓦，才能搭起我们通向成功的桥梁。

学习要积极

许多人都说"我不愿意学习"，言外之意他们学习都是被人强迫的。相信大家都听过关在监狱里的钟表匠是制造不出高精度的钟表的，因为他们被束缚了。如何摆脱外在的束缚？这要求我们学会积极和主动，把"要你学"变为"我要学"，这样我们才能身心愉悦地投入到学习当中。态度的转变，也会让我们的学习变得更加轻松。

【趣味小测试】

你是一个反应慢半拍的人吗？

请根据提示认真回答下面的问题：（A. 是；B. 不是。）

1. 大家都爱找你拿主意吗？

2. 你在外面口碑很不错吗？

3. 你常常在无意中又得罪人了吗？

4. 不喜欢被人欺骗，也不喜欢欺骗别人吗？

5. 只要听到别人的意见，心里就会不高兴吗？

6. 过于关心别人的情绪吗？

7. 一听到别人的赞美，就立刻忘乎所以吗？

8. 你的外表看起来很成熟，内心却像一个孩子吗？

答案分析：

选择 A 多于 B：你是个非常细心的人，细心的你喜欢去观察和体会，揣摩别人的情绪；但与此同时，你又是个粗心到极点的人，原因是你是一个办

事很单纯的人，不会察觉别人的歪心思，所以有点儿反应慢。

选择 B 多于 A：你的反应比一般人要快，但作为一个聪明不外露的人，你很会装傻，有时候即使懂了也会装作懵然不知,还会被人误解为反应慢半拍，这就是你的保护伞。

提前 50 年的"临终反省"

反省是一种优秀的品质，也是一个人认识自己、分析自己、提高自己的最佳途径。只有学会反省，才能够对自己的行为思想做出深刻的检查和认识，从而修正自己的人生道路。

在法国里昂，有一位米店的老板快 70 岁了，当他因为疾病快要离开人世的时候，牧师来到了他身边，问他："你还有没有什么临终遗言呢？"

米店老板用最后的力气对牧师说："年轻的时候，我十分喜爱音乐，还曾经和法国最著名的音乐家一起拉小提琴，当时音乐圈的人都认为我拥有音乐天赋，以后一定可以成为音乐家的。不过，我在 20 岁的时候迷上了赛马，所以把音乐给荒废了。不然，我肯定会是一位出名的音乐家。"

牧师很安静地听着米店老板的述说，并没有说什么。

米店老板喘了一口气，又接着说："现在，我的生命就快完结了，反思自己的一生，好像没有任何作为，我感到非常后悔。如果到了另一个世界后还可以重新选择，我绝对不会再干这种傻事了。"

牧师很平静地安慰说："先生，我很理解你现在的心情，因为你的话对我也很有启发。"

　　原来，这位牧师是法国最著名的牧师纳德·兰塞姆，不管是在穷人还是在富人中，他都享有很高的威望。虽然他长得不算高，可是总会俯下身来亲近大家，圆圆的脸和大大的眼睛，都透露出温和与智慧。他还有一双再普通不过的耳朵，这双耳朵倾听过无数世人的忏悔。

　　纳德·兰塞姆去世以后，被安葬在圣保罗大教堂，他的墓碑上工工整整地刻着他的手迹："如果时光可以倒流，世界上将有一半的人可以成为伟人。"这句话的意思是：如果人们能够将临终反省提前50年、40年、30年，那么世界上将会有一半的人可以成为伟人。

　　如果那位米店老板年轻的时候，能够及时做出反省，并且做出正确的人生选择，那么他的人生也会是另一番情景了。因此，你必须引以为戒，学会及时反思和总结，把教训变成动力，从而成就自己。

【哈佛成长小贴士】

　　在哈佛大学，招收新学生会有一个原则，那就是看学生未来的发展潜力。也许你现在并不是所有学生中最优秀的，但是你的潜力巨大，并且善于学习，那么就会得到哈佛的青睐。

　　什么样的学生才最具有潜力呢？当然是拥有自我反省能力的学生。因为只有勤于反省的人，才能清楚自己与他人的差距，才有不断进步的可能。那么，成长中的孩子应该如何培养自己的反省能力呢？

要勇敢承认自己的错误

　　自我反省就是对自己的错误进行重新认识，只有在承认自己的错误之后，才能进行相应的改正和提高。有的孩子在犯错之后，总是恐惧，而不知道对自己的行为进行反省，这些都是不好的现象。

勇敢承担错误带来的后果

　　认识并承认自己的错误当然还不够，还必须勇敢承担错误带给自己的后果。这样不仅是一种责任感的表现，也能够从后果中品尝到犯错的滋味，感受到错误带给自己的影响，从而进行深刻的自我反省。

养成自我反省的好习惯

中国古代有这样一句话："日省其身，有则改之，无则加勉。"意思是说，我们每天都应该自我反省，如果有不好的地方就进行改正，如果没有就好好保持下去。所以，让自己养成自我反省的好习惯，不管有没有过失，都有利于自己的成长。

【趣味小试题】

有一个 22 位数，它的个位数是 7。当你用 7 去乘这个 22 位数，它的积仍然是个 22 位数，只是个位数的 7 移到了第一位，其余 21 个数字的排列顺序还是原来的样子。请问这个 22 位数是多少？

答案：

这道题如果用字母来代表数字，列成算式是：ABCDEFGHIJKLMNOPQRSTU7×7=7ABCDEFGHIJKLMNOPQRSTU，所以这个 22 位数是 1014492753623188405797。

艾森豪威尔将军的总结与分析

美国脱口秀女王奥普拉在哈佛大学演讲时说过："失败只是一个新的开始！"的确，在成长的道路上，每个孩子都会经历困难与失败，如果不懂得从失败中总结经验、分析得失，你就无法获得成长，也无法拥有成功。

有一年夏天，艾森豪威尔将军率领英美联军，准备横渡英吉利海峡，然后在法国的诺曼底登陆，展开对德战争的另一个阶段。

这次登陆关系重大，无论美国还是英国，都将巨大的人力物力投入到了这场战役中。不过，就在一切准备就绪，马上要出发的时候，却突然下起了瓢泼大雨，整个英吉利海峡上掀起了巨大的海浪。数以千计的舰船只好退回了海湾，等待大海恢复平静。

这一次等待足足持续了四天之久，天空阴沉，大雨倾泻而下。数十万军人被困在海湾，进退两难，每天需要的经费、物资，都是非常庞大的数目。

艾森豪威尔为此感到十分为难，也不知道应该如何另作安排。这时候气象专家送来了最新的报告："天气马上将出现好转，狂风暴雨将在三个小时之后停止。"

艾森豪威尔拍了拍胸膛说："这正是一个千载难逢的好机会！"如果现

在采取行动，一定能够趁敌人不备，获取战争的先机。当然这其中也隐藏着风险——如果天气不像预期中那么快好转，那么就有可能全军覆没。

艾森豪威尔根据手中得到的情报，经过反复的总结、分析和慎重的考虑之后，毅然下令陆、海、空三支军队马上横渡英吉利海峡。

三个小时之后，倾盆大雨果然停止了，大海上也变得风平浪静，英美联军顺利地登上了诺曼底。这也是英美联军取得整个战争胜利的关键所在。

艾森豪威尔将军在面对困难的时候，并没有选择退缩，而是根据自己所得到的情报，进行了认真的总结与分析，然后做出了最正确的决定，也取得了战争的胜利。因此，无论在学习还是生活中，你都应该学会以积极的心态去面对挫折，去总结与分析，从困境中寻找生机。

【哈佛成长小贴士】

失败并不是一件可怕的事情，哪怕是最优秀的哈佛学子，也会在各种学术研究中遭遇失败。不过，失败并不可怕，害怕失败才会毁灭进步。

你知道失败是什么吗？真正的失败是放弃希望，停止朝前的脚步。在追求成功的道路上，总有一些坎坷和崎岖，没有谁能够不经过失败就直接拥有成功。因为我们脚下的道路总是迂回曲折的，只要你在成长，你在进步，就必然会遭遇各种挫折和失败。

爱迪生说："失败也是我所需要的，它与成功一样对我有价值。"的确，失败可以给你经验，让你知道哪些路走不通，哪些路可以继续走下去。世界上的道路有那么多条，总有一条可以直通罗马。青少年朋友应该不断告诉自己："失败只是成功的开始，成功之前，遇到困难和失败，是很正常的事情，所以你要想办法战胜失败，要成为生活的强者！"

事实上，害怕失败才是懦弱的表现。如果你立志要成为人生的强者，那么从现在开始，正视失败，总结经验，再次出发。你应该明白，一个人跌倒了可以爬起来继续走下去，就算你失败多次，也并不代表你比别人差，更不意味着你的人生已经无可救药了。只要你懂得从失败中吸取经验，这些先前的失败将会孕育最终的成功。

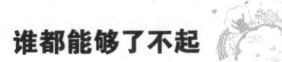

【趣味小试题】

老师对杰克说："有五个连续自然数的和是 350，你知道这五个自然数各是多少吗？"杰克点了点头，马上给出了答案。你知道杰克的答案是多少吗？

答案：
68、69、70、71、72。

你多久才会磨一次"斧子"

劳瑞是一个乡下人，身体长得结实，但是没有什么技术。他唯一擅长的就是伐木。

有一天，他去一位木柴商那里找工作，由于他老实、踏实，便被雇佣了。木柴商支付的薪水也很丰厚，工作条件也很好，因此劳瑞决定好好干下去。

工作的第一天，木柴商给了劳瑞一把斧头，并且告诉他去哪座山上砍树。一天下来，劳瑞居然砍了 18 棵树，虽然他觉得有点累，不过心里却很踏实。

木柴商见劳瑞工作努力，于是夸奖说："干得不错，就这样干！"

得到老板的赞许，劳瑞更有信心了，他一边用力挥动斧子砍树，一边用眼睛搜索着下一个目标，但是第二天他只砍回了 15 棵树。

到了第三天，劳瑞工作更卖力了，可是却只砍回了 10 棵树。

日子就这样一天天过去了，他每天砍回的树也越来越少。

劳瑞心想："一定是我没有力气了吧！"于是，他去找老板诉说自己的苦衷，他已经很努力了，可是工作效率却越来越低。

老板听了劳瑞的诉说，一针见血地指出："那你最后一次磨斧子是什么时候？"

"磨斧子？我每天都忙着砍树，根本没有时间去磨斧子呢！"劳瑞如此

说道。

"那么，你就尝试着磨一磨斧子，然后再努力工作！"老板给劳瑞提出了建议。

劳瑞按照老板的建议去做了。当他把斧子磨好之后，工作效率果然比之前快多了。

所以，在成长的过程中，要勇于面对挫折，学会在挫折中总结经验，认真分析自己遭受挫折的原因，从而战胜挫折，走向最后的成功。

【哈佛成长小贴士】

世界上的很多事情，如果能够换一种思维，或许就会找到不同的出路。如果不懂得思考问题，不懂得把自己的"斧头"磨光，那么付出再多努力也是徒劳。

在一堂哈佛公开课上，教授问学生："如果一个人没有了双臂，他将如何生活下去？如果一个人没有双腿，他能够走多远？如果一个人失去了双眼，他的世界又会变成什么样子……"看到这样的问题，你会给出什么样的答案呢？

其实，人生难免会遇到各种各样的意外。有的人会将人生的意外当成一种磨炼，认为它们可以让人变得更加坚强，从而战胜和超越各种逆境；有的人却被那些意外打垮，面对逆境只会怨天尤人，整天让自己处于悲观焦虑的负面情绪中，这样的人情商自然不高。

哈佛学子爱默生曾经说过："强者容易坚强，正如弱者容易软弱。"面对人生的艰难险阻，每个人都有不同的应对方式，最重要的还是要学会变通，找到最适合自己的解决办法。

要知道，人生本来就没有走不过去的路，只要你勇敢地坚持下去，积极进取，总能达到成功的殿堂。当你面对人生的各种困难和逆境之时，也不要焦急，要将它们视为一种考验，也相信自己能够战胜它们，能够勇敢自信地走在成功的道路上。

【趣味小试题】

有一片牧场，养着27头牛，6天把草吃完；养牛23头，则9天把草吃完；如果养牛21头，那么几天能把牧场上的草吃完呢？请注意，牧场上的草是在不断生长的，而不是固定不变的。

答案：
养21头牛，12天才能把牧场上的草吃光。

请读懂那两个字母的含义

　　每个人都会犯错，但不是人人都会反省自己的错误。哈佛学子也经常会犯错误，不过他们懂得反省，将错误变成经验与收获。一位教授给学生们说过这样一个故事：

　　在一个很偏远的小村庄里，人们都信仰宗教，也很注重个人的品行。有一次，两个年轻人偷了村民的羊，这被村民们认为是很严重的事情。

　　村民把两个年轻人抓起来，让他们承认自己的错误，然后又在他们的额头上烙了两个英文字母"ST"。你知道这两个字母的含义吗？它们是"Sheep thief"的缩写，也就是"偷羊贼"的意思。这个烙印会一直伴随着两位年轻人，一直到死为止。

　　没过多久，两个年轻人就被释放了，但是那个烙印还一直存在。

　　其中一个年轻人觉得那个烙印就像是一种无法抹去的耻辱，便独自跑到了异国他乡。可是仍然会有陌生人问他那两个字母的含义，这让他感到十分痛苦，最后抑郁而终了。

　　另一个年轻人却说："我没办法逃避偷羊的事实，那是我所犯的错误。我仍然要留在这里，赢回村民对我的尊重。"他这样说，也这样去做了。

刚开始的时候，人们都还有一些戒备心理，不愿意和他接触。但是，他并没有气馁，而是不断反省自己的行为，不断改变和弥补。在村子里，无论穷人还是富人，他都愿意伸出自己的援手。比如哪家干活缺少帮手，他就跑过去帮一把；谁生病了，他就去帮忙拿药，并且用心地照顾对方。而且无论他做什么事情，都不会收取任何报酬。

一年年过去了，他通过自己的不懈努力，终于赢得了村民的尊重。

后来一个旅行者路过村子，看到一位老人额头上有一个很奇怪的标记。他发现，所有村民在路过那位老人跟前时，都会停下脚步表达他们的敬意，要么鞠一个躬，要么说几句话，就连小孩子也会跑过来，送给老人一个温暖的拥抱！

旅行者好奇地问村民："那位老人额头上的字母是什么含义呢？"

村民回答说："那已经是很久以前的事情了，我们也不知道那两个字母的含义，应该是 Saint（圣徒）的缩写吧！"

哈佛教授的故事说完了，然后他又总结说："在所有人看来，一个人能够从偷羊贼变成圣徒，简直是不可能的事情。但是那位年轻人做到了。其实，一个人犯了错误也没有什么大不了，只要能够反省自己的错误，承认并改正自己的错误，就能够成长起来！"

如果成长就是一个不断犯错的过程，那么对于自己所犯的错误，你反省过吗？

【哈佛成长小贴士】

每个孩子都会犯错，犯错之后就应该进行反省，反省的过程就是一个寻找犯错动机及原因的过程，这就是著名的"归因理论"。

"归因理论"是由心理学家海德提出，它能够帮我们找出日常生活中各种事件的发生原因。海德认为，每个人在行为做事的过程中都有两种强烈的心理需要，一是控制环境的需要，二是对周围环境形成一种惯性理解的需要。想要满足这两种心理需求，人就必须拥有认识环境以及预测他人将如何行动的能力。海德还直接指出，人之所以会犯错，主要有两种原因：一是内因，

比如自己的性格、能力、态度、情绪等；二是外因，比如天气、环境、来自外界的压力等。当你做错事情的时候，"归因理论"通常能够给你一个"合理"的解释。不过，哈佛心理课也指出，人们的归因总会不自觉地出现偏差，因为人们总是会高估行为的人格因素，而低估情境因素，这就是心理学中最基本的归因错误。

美国积极心理学之父马丁·塞利格曼曾经说过："习惯向外归因的人，性格都比较开朗，就算做出错误的行为，也不会向自己发难，而是把错误的原因归结于外部原因，这样可以避免出现内疚感；而习惯向内归因的人，总是把问题归结在自己身上，从而出现自责心理，使自己的心理出现问题。"的确，当你做错决定的时候，可以向外归因，将所有的错误都归结到外界因素上，认为和自己毫无关系，需要改变的是外部世界，而不是你自己，于是你开始通过改变外界因素来适应自己，弥补错误。当然，你也可以向内归因，认为所有的错误都是自己造成的，是你自己的思想不成熟，面对选择的时候不够理性，所以你要改变自己，避免下一次再犯重复的错误。

如果你能够进行正确的归因，便能更好地反省自己，也能更好地理解外部环境。如果归因错误，就会变得主观和冲动起来，这样自然容易造成错误的决策。因此我们必须进行正确的归因，就算自己做错了决定，也不要将所有的过错都归结到自己身上。

【趣味小试题】

箱子里放着梨，第一个人拿了梨总数的一半又多半只，第二个人拿了剩下梨的一半又多半只，第三个人拿了第二次剩下的一半又多半只，第四个人拿了第三次剩下的一半又多半只，第五个人拿了第四次剩下的一半又多半只。这时箱子里的梨正好拿完，而且每人手里的梨都没有半只的，请问箱子里原来有多少只梨？

答案：
原来共有 31 个梨。

一只爱面子的小乌鸦

这是一个关于爱面子的小乌鸦的故事。

很早以前，森林里的鸟儿都不会唱歌，直到一只可爱的小云雀从远方飞来。它的歌声是那么婉转动听，森林里所有的鸟儿都听醉了，都想向小云雀学习。

小云雀说："那好吧，我会尽量教你们唱歌，但是不敢保证你们都能够学会。"

在开始教唱歌的第一天，小云雀教鸟儿们学习音符，它教一声，鸟儿们就跟着唱一声。过了一段时间之后，小云雀为了掌握鸟儿们的学习情况，就让它们一个个站出来单独试唱。

第一个被点到的是小乌鸦，它很害羞地站了出来，不好意思地唱了几句。由于它实在太害羞了，唱出来的音符都走了调，惹得大家哈哈大笑起来。

小乌鸦羞红了脸，心里想："啊！真是太丢人了！丑死了！"

小云雀制止了大家的笑声，为了更准确地纠正小乌鸦的发音，它让小乌鸦再唱一遍。

小乌鸦很生气，说："这不是存心想让我丢面子吗？哼，我才不愿意丢丑呢！"它愤怒地飞走了，从此再也不去听小云雀讲课了。

后来，小云雀又让其他鸟儿出来唱歌。好多鸟儿的最初几声也同样走了调，同样惹得大家哈哈大笑，不过它们并没有像小乌鸦那样直接飞走，而是不断反思自己的错误，不断总结自己的经验，认真听从小云雀的教导，很有耐心地学习下去。

就这样，森林里的鸟儿都学会了唱歌，声音都是那么清脆动听，甚至有的鸟儿比小云雀唱得还好听。只有小乌鸦一直没有学会唱歌，偶尔叫喊几句也还是当初走调的声音。

小乌鸦的故事让你想到了什么呢？对于成长中的孩子来说，如果不肯承认自己的错误，或者逃避学习，都无法学到真正的本领。如果想要成为一个成功的人，就要勇敢地面对自己的错误，面对自己的不足，并且不断总结失败的教训。

【哈佛成长小贴士】

每个孩子心中都有引以为傲的东西，同时也有隐藏的不愿被提及的短处或缺点。如果孩子的短处或缺点总是被拿出来说，当孩子意识到自己的问题时，伤害也会被放大了。事实上，孩子在很小的时候，就开始爱面子了。

孩子在某种程度上爱面子，也是一种正常而健康的心理状态，它代表着孩子的自我意识与自尊心，这对于健全的人格来说是十分重要的。它能够让孩子学会自爱，从而变得更加自立、自强，最终成为一个有用的人。如果孩子不知道爱面子，也是一种不自爱的表现，这样的孩子很容易走向两个极端：一是产生自暴自弃的心理，认为自己身上只有缺点而没有优点，变得更加自卑起来；二是产生自我怀疑，失去积极努力的动力，给自己过多的负面评价。

那么，孩子为什么会过于爱面子呢？一位哈佛心理学教授总结的原因有：

曾经有被体罚的经历

孩子曾经有过被骂或被打的经历，这些经历让孩子终身难忘，从而留下了身心的创伤，孩子之后很少再受到体罚，可是心里的记忆却始终没有消除。

拥有某些"丢人的小毛病"

比如孩子都对尿床的毛病很敏感，如果自己曾经有过尿床的经历，就会

很害怕别人提及，更害怕受到同伴的嘲笑与挖苦。

患有某些心理疾病

有的孩子患有抑郁症、孤独症、多动症等与心理有关的疾病，会比一般的孩子更为敏感，如果家长经常挂在嘴边说，就会对孩子造成更严重的伤害。

因为曾经的过失

一些在成人看来并不重要的"过失"，也有可能让孩子耿耿于怀，这些"过失"包括：某次比赛得了最后一名，某次表演砸了锅，某次郊游出了洋相，小时候爱哭，等等。

身体的某些缺陷

有的孩子身上会有一些缺陷，比如平足、色盲、矮小、过胖、过瘦、眼小、脸丑等生理或身体上的不足，都会引起孩子的特别重视。

【趣味小测试】

你是一个很爱面子的孩子吗？

如果你的好朋友找你帮忙，而你又不想去做，这时候会怎样处理？

A.出于无奈只好答应。

B.跟他说明你不愿意去做，哪怕与他翻脸。

C.先答应，事后再以各种理由为自己推脱，说自己无法做到。

D.委婉地拒绝。

答案分析：

选择 A：你是一个注重表面关系的孩子，也很爱面子，为了得到肯定和认同你会选择委曲求全。对你来说人际关系很重要，你甚至会害怕一次偶然的拒绝会使你和周围的人关系恶化，这样就会得不偿失！

选择 B：你是一个很有主见的孩子，无论做什么事情都有自己的原则，不会轻易向外界妥协，也不会为了面子上的问题而让自己委曲求全。

选择 C：你是一个注重实际、圆滑世故的孩子，不可否认你有很强的交际能力。你很少会向人解释自己的做法，因为在你看来，不了解的人说再多也无济于事，所以你就干脆答应下来，让别人认为你真够义气，就算以后有

什么意外帮不了忙也不会怪在你头上。

选择 D：其实在你的内心早已懂得人情世故这样东西，但你不甘于屈服，所以你的行为会理性又有点叛逆。你觉得人与人之间的相处应该建立在互相体谅、互相尊重的基础上，不应该为了迁就对方而委屈自己，所以你会选择拒绝，而且会用比较令人容易接受的方式。

哈佛大学图书馆藏书票欣赏

第四章

做事的主动是优秀的前提

你知道人类为什么被称为万物之灵吗？因为人类都具有自觉意识，都知道自己应该做哪些事情，不应该做哪些事情，也知道客观地检讨自己的行为。当你主动积极地去面对问题，去解决困难的时候，就会发现一切艰难险阻都变得那么简单。

主动让你拥有主动权

哈佛幸福课导师泰勒·本－沙哈尔说过："幸福需要主动积极地追求！"这也是哈佛学子的学习观与人生观——他们懂得主动去学习，而不是被动去接受。

在孩子的成长过程中，总有一段时间习惯依赖父母或长辈，在生活上"饭来张口，衣来伸手"，在学习上遇到问题第一时间想到的也不是自己去解决，而是寻求老师或同学的帮助。孩子做事缺乏主动性，这也会影响孩子的心理成长。

马库斯是哈佛商学院的一名学生，他从小就被大家公认为学习天才，有人说马库斯的成功得益于妈妈的教育，也有人说是因为马库斯自己的努力。

在马库斯小时候，妈妈就十分重视对他的引导，不仅给他提供了宽松、自主的学习环境，还经常带他去图书馆、博物馆等地方，认真观察他的兴趣，耐心地进行启发。在妈妈的引导之下，马库斯的求知欲越来越强，从开始的不爱学习，渐渐变成了自主地学习。

妈妈从来不会要求马库斯怎么去学，更不会随时监督马库斯的学习，她只会在最恰当的时候，给予马库斯指导性的意见，让他顺其自然地发展。就

算在马库斯备考哈佛的时候，妈妈也没有过多地询问他的学习情况，而是不断传达给他自己的信任。

妈妈对马库斯说："你已经学会成长了，很多事情不需要妈妈来告诉你怎么做，因为妈妈知道你自己就能够安排好。"

马库斯微笑着说："当然了，我知道自己应该去做什么，这些事一直都在我的心中。"

在相对宽松、自主的学习和成长环境中，马库斯的主动性得到了很大提高。在他的不断努力之下，哈佛也为他敞开了大门。

学会主动，是孩子成长过程中的一门重要课程。只有积极主动的孩子，才能克服更多困难，才能打败消极和被动，让自己拥有真正的主动权！

【哈佛成长小贴士】

哈佛大学不会把现成的知识传授给学生，而是要让学生主动学习，成为知识的探索者与发现者。只有当孩子拥有学习的主动权，才会自觉主动去学习，并且从中品尝到学习的快乐。

不过现代教育却让孩子的大部分时间都被繁重的课业占据着，一些不善于主动学习的学生，往往会疲于应对各项科目，把学习当成一种沉重的负担。

那么，在面对繁重的学业负担时，应该如何去调整自己的心态，让自己更加积极主动地进行学习呢？

唤醒自主学习的意识

在当今的知识经济时代，每个孩子都必须拥有自主学习的能力，这也是素质教育的基本要求。想要拥有自主学习的能力，就要唤醒自主学习的能力，而不是完全靠父母、老师的督促。要知道，世界上任何一个成功的人，都不是靠父母逼迫培养出来的。

学会欣赏自己

如果你能够进行自主学习，不仅能够使自己走上成才的道路，还能够减轻父母及老师的负担，这是两全其美的事情。在学习的过程中，成功的体验十分重要，当你有了成功的体验之后，就能够把内心的愉悦转化为积极自主

的动力。成功的体验来自哪里？当然就是自我肯定与自我欣赏。

要有足够的自信

每个孩子都拥有巨大的潜能，你也一样，所以你要想办法主动开发自己的潜能，把自己强烈的求知欲激发出来，也就是让自己拥有学习的主动性。这就要求你必须拥有足够的自信心，至少要相信自己能够学习，并且时常给自己正面积极的肯定。

总之，想要成为优秀的孩子，就要拥有自主学习的能力。当你学会主动之后，也就拥有了学习的主动权。

【趣味小试题】

甲、乙、丙同时给 100 盆花浇水。已知甲浇了 78 盆，乙浇了 68 盆，丙浇了 58 盆，那么 3 人都浇过的花最少有多少盆？

答案：
3 人都浇过的花最少有 4 盆。

如果我有一百万美元

在哈佛积极心理学课上，导师对学生说："无论逆还是机遇，都由我们自己创造！"在很多时候，你并不是缺少机遇，而是没有学会主动创造机遇。

有一位年轻人，他在上大学的时候，发现大学的教育制度存在一些弊端，于是向校长提出了自己的意见，但是并没有被采纳。

从那时开始，他就给自己树立了一个远大的目标——将来有一天，他要自己办一所大学，自己当校长，这样就能够避免那些弊端的出现了。可是办一所大学至少需要一百万美元，他应该上哪里找这么多钱呢？如果等到毕业以后再去挣，那么就太遥远了。

年轻人每天都在宿舍里苦思冥想，怎样才能拥有一百万美元？同学们看他整天都是心不在焉的样子，都以为他疯了。不过年轻人却不以为然，他相信自己总能想办法弄到这笔钱。

终于有一天，想到了一个好办法。他打电话给报社，说自己准备举办一场演讲，题目就叫做《如果我有一百万美元怎么办》。他的演讲吸引了很多商界名人参加，面对演讲台下诸多的成功人士，他在台上全心全意、发自内心地说出了自己的构想。

演讲结束时，一个叫普利普·亚默的商人站起来说："小伙子，你讲得非常好，我决定资助你一百万美元，就按你说的去办吧！"

就这样，年轻人用这笔钱创办了亚默理工学院，也就是现在著名的伊利诺理工学院的前身。这位年轻人就是后来受到人们爱戴的教育家、哲学家冈索勒斯。

无论做什么事情，积极主动地创造是很重要的，因为天上不会掉馅饼，机遇也不会随时来到。只有始终坚持自己的信念，积极主动地思考解决办法，才能为自己创造机遇，最终赢得人生的成功。

【哈佛成长小贴士】

哈佛大学有一门最受欢迎的课程，那就是积极心理学。课程中的许多观点，对于孩子的成长以及追求成功的过程，都会有很多启发。因为无论你要做什么事情，积极主动的心理都会让你拥有更多的机会。

那么，对于成长中的孩子来说，应该如何运用积极心态去做一些对自己有益的事情呢？

给自己设定人生目标

你可以给自己设定的一个目标，长期或短期的都行。当你拥有了目标之后，也就拥有了不断奋进的力量。尤其是那些没有退路的目标，能够激发你更多的积极主动性。目标可以让人拥有远见，减少拖延的情况，提高工作效率。所以，马上给自己制定一个目标，让积极的行动代替犹豫与迟疑吧！

学会疏导自己的痛苦

人生总会有一些不如意的时候，痛苦也在所难免，这就是现实。那么，我们的大脑能够做些什么积极的努力来降低痛苦呢？哈佛心理学教授指出，快乐与痛苦有一个共用的通道，当你学会疏导痛苦之后，自然就能够获得更多的快乐，而疏导的方式也有很多种，比如向朋友倾诉、转移自己的注意力、写日记等。

正确恰当地处理压力

压力对于孩子的成长是必要的，也是不可避免的，但是压力必须适当才行。

我想，人生的过程应该是这样的——奔跑，休息，再奔跑，再休息……如此安排能够让压力得到释放，让你更加主动积极地去学习与生活。

让自己体验到快乐

无论做什么事情，快乐愉悦的感觉才能让你拥有更多的动力，让你发自内心地想要去做事情。所以，你要让自己体验到更多的快乐，这样自然就提高了积极主动性。

【趣味小测试】

面对困难，你的心态足够积极吗？

周末，你和朋友一起到游乐场玩耍，朋友想玩一个刺激的闯关游戏，你的反应是？

A. 很愉快地答应了，不管能不能过关，都会有收获的。

B. 马上拉着朋友冲过去，进去才反应过来："这是干吗的啊？"

C. 想想，说："去吧，不过先让我好好研究一下游戏规则。"

D. 连忙摇头："不去不去，浪费脑细胞还不见得能过关，麻烦。"

答案分析：

选择 A：你是一个积极主动的人，而且善于总结失败经验，所以即使遇到挫折也不会消沉很久，你实在是一个天生的挑战者。

选择 B：你是一个非常积极主动的人，但太过于意气用事。只要你想做的事，就不太会考虑别人的心情，而一味往前冲；又因是一时的意气用事，所以失败时所受到的打击往往比别人多。你现在最需要的是冷静下来好好理清思路，偶尔稍做让步也是必要的。

选择 C：你虽然不是一个消极的人，但害怕遇到麻烦。你会积极地去考虑各种做法，却迟迟不敢行动；不过一旦开始行动，你也会坚持到底。如果你能找到行动力强又支持你的伙伴，那么你离成功也不远了。

选择 D：你是个非常消极的人，容易被动。不积极主动，就无法抓住好的时机，成功的可能性就会很低。

无论何时，都不能失去平常心

　　成长中总会经历风雨，所以要自始至终保持一颗平常心，随时准备接受成败、苦乐与荣辱的洗礼。如果没有一颗平常心去对待生活中的人和事，就会失去平稳的步伐，让自己不断跌倒、不断失败。

　　关于平常心，一位哈佛教授曾经说过这样一个故事：

　　那是上世纪后半叶的一天，一位来自美国的有钱人去法国巴黎旅游。她在巴黎市中心的花园里看到一个穿着普通的老人正埋头修剪花草。他动作熟练、一丝不苟，一定是一位工作多年的老园丁。

　　这位有钱人拥有自己的私人花园，她认为这位法国老人真是难得的好园丁，如果能够请去美国帮自己管理花园，再好不过了。因为在美国，即使再有钱，也很难遇到这样老实、勤恳的园丁。

　　于是，她走过去问道："您的修剪技术真不错，不知道您愿不愿意去美国做我的园丁呢？我可以给您比法国高出三倍的工资，还可以解决您的旅费和住宿问题。"为了能够说服那位老人，她又把美国以及自己的家境大大地吹嘘了一番。

　　"夫人，"那位老人微笑着，等这位有钱人把话说完，便很有礼貌地说道：

"感谢您的好意，可是我现在还有职务在身，可能暂时没办法离开巴黎。"

"那你赶紧辞掉吧！我会给你一定的补偿。你还有什么兼职？或者还在从事什么副业吗？是养鸡还是送牛奶呢？"

"都不是。"老人平静地说，"我希望人们在下次选举中不要投我的票，我就能够接受您的美差了。"

"什么投票？难道你们法国人连园丁都要投票吗？"有钱人瞪大了眼睛，以为自己听错了。

"不是这样的，夫人。我这个园丁现在还兼任着法国总统。"

原来，她眼前的这位普通的"园丁"，竟然是法国总统。他所表现出来的淡然与平常心，让有钱人惊讶得无语了。

拥有平常心，无论贫富贵贱，无论身份高低，无论面对掌声与荣誉还是嘲笑与打击，这才是一位成功者所必须具备的东西。

【哈佛成长小贴士】

成长过程中，都必须去面对两件事，一是成功，二是失败。如果没有一颗平常心，那么就很容易引起某些心理问题。

孩子很容易对成功与失败、得到与失去过分关注，并且因此让自己的情绪也受到影响。孩子的年龄还小，经历的事情不算多，认知也不成熟，很难以平常心去面对。那么怎样拥有一颗平常心呢？

首先，你必须学会调整自己的心态

想要拥有一颗平常心，就应该明白，人生并不都是一帆风顺的，每个人都有情绪低落的时候，只是他们懂得调整自己的心态，能够从失望中寻找希望，能够在挫折中寻找力量，能够在失败中寻找再次出发的勇气。调整好心态，就能够拥有一颗平常心，也让自己得到更多的快乐。

其次，必须适当地控制自己的物质占有欲

哈佛心理学教授说过："适当地控制物质占有欲，能够减轻自己对于成败得失的过分关注，也有利于培养自己的平常心。"如果你的物质占有欲太强，那么就让你产生一种想法——快乐的源泉就是获取，所以不能让自己的快乐

建立在对物质及财富的占有之上。

第三，培养自己的广泛兴趣

如果快乐只是建立在一种东西之上，那么快乐的基础就不会稳固了，也难以用平常心去面对问题。所以你应该培养自己的广泛兴趣，让自己拥有更多获得快乐的选择。这样的你，自然能够以平常心去面对生活中的一切得失了。

【趣味小测试】

你拥有平常心吗？

阳光明媚的一天，十分适合外出游玩。如果你在一片森林中，发现了一间神秘的屋子，你觉得那会是什么样的屋子呢？

A. 小木屋

B. 宫殿

C. 城堡

D. 平房

答案分析：

选择 A：你是一个拥有平常心的孩子，心胸宽大，能忍别人所不能忍，对任何事物都抱着以和为贵的态度。基本上你就是一个完美的人。

选择 B：你是一个思路极细的人，对于身边的事物都能有良好的安排，凡事都在你的掌握之中，虽说不上城府极深，但对于复杂的人际关系却能处理得很好，如鱼得水。

选择 C：你可说是本世纪最厉害的人际高手，你比选宫殿的人对事物的观察更敏锐，更能看透人心，在这方面别人总是忘尘莫及，而你也一直以此特质自豪，乐此不彼。

选择 D：你是一个生平无大志的人，也没有什么企图心，虽然对周围的感应能力并不差，但你凡事仅抱着平常心。这种人的最大的好处就是，平凡，没有烦恼压力。

两位大总统的不同命运

你知道美国前总统罗斯福吗？当他还是参议员的时候，英俊帅气，很有才华，深受人们喜爱。最重要的是，他还毕业于哈佛大学。

有一天，罗斯福突然感到腿部麻痹，后来竟然动弹不得。在医院检查后，他才知道自己患上了腿部麻痹症。医生对他说："你要做好心理准备，因为你随时可能失去行走能力。"

罗斯福并没有被医生的话吓倒，反而笑呵呵地对医生说："我不仅要走路，还要走进白宫。"

在第一次竞选总统的时候，罗斯福对助选员说："你们布置一个大讲台，我要让所有的选民都看到我这个患麻痹症的人，也可以'走到前面'来演讲，而不需要任何拐杖。"当时，罗斯福穿着笔挺的西装，脸上充满自信的表情，当他从后台走上演讲台后，台下响起了热烈的掌声。他的每一次迈步，都能够让每个美国人感到无穷的意志力与自信心。

后来，罗斯福成为了美国历史上唯一一位连任四届的总统，与华盛顿与林肯齐名。

尼克松也是一位人们熟知的美国总统。他在 1972 年竞选连任时，由于前

一任期内政绩斐然，很多政治评论家都预测尼克松将以绝对优势获胜。

但是尼克松本人却没有太大的自信，他总是担心自己会失败。竞选当天他表现得并不让人满意，在演讲过程中还出现了一些小意外，致使连任失败。

对比两位总统的经历，不难发现，许多失败都是从不相信自己开始的。莎士比亚说："自信是走向成功的第一步，缺乏自信也就是失败的原因。"罗斯福因为自信，成功连任四届；而尼克松因为不够自信而错失连任机会。

【哈佛成长小贴士】

每个孩子的潜能都是巨大的，尊重孩子能够给予孩子无形的力量和巨大的勇气，从而使他更加努力地拼搏。

当年，小阿姆斯特朗对妈妈说："我要飞到月球上去！"妈妈并没有打击他的积极性，而是说："好，祝你成功！但是你一定要记得回来噢，因为妈妈会想念你的。"正是因为这样的信任与尊重，才让阿姆斯特朗一直相信自己，最终成为了人类历史上第一个登上月球的人。

孩子只有相信自己，才敢于追求自己的目标。相信自己，能够更加客观准确地评价自己的能力以及现实的困难，在面对新的任务时，也不会恐惧退缩，反而会变得更加积极主动，更容易获得成功。

所以，相信自己，敞开心扉，让自己在成长的天空中快乐翱翔！

【趣味小试题】

幼儿园有 58 人学钢琴，43 人学画画，37 人既学钢琴又学画画，问只学钢琴和只学画画的分别有多少人？

答案：
只学钢琴人数为 21 人，只学画画人数为 6 人。

世界上没有比脚更长的路

有一个关于道路的古老故事。

在大漠的深处有一个古老的王国叫阿拉比，由于常年受到风雨的侵袭，城堡已经变得满目疮痍了。直到有一天，阿拉比的国王对四位王子说："我想把国都迁往美丽富饶的卡伦，你们必须竭尽全力地帮助我。"

卡伦离这里十分遥远，不仅需要穿过草地和沼泽，还需要翻越崇山峻岭，并且涉过许多大河。如果要问距离到底有多远，恐怕也不会有人知道。

于是，四位王子收拾行囊，打算分头探路。

大王子乘车走了整整7天，翻过了3座大山，来到了一望无际的草地边，一问当地人，得知过了草地，还要过沼泽，还要过大河和雪山……于是便选择了放弃，开始往回走。

二王子穿过一片沼泽后，被一条汹涌的大河挡住了去路，也选择了回去。

三王子渡过大河之后，却被一望无际的大漠吓退了。

最后只剩下小王子独自一人，还走在探寻的路上。

一个月以后，三位王子陆续回到了国王那里，将各自沿途所见报告给国王，并且再三强调，他们在路上问过许多人，结果都告诉他们去卡伦的路很远很

远……

又过了6天，小王子终于风尘仆仆地回来了，他兴奋地告诉父亲："到卡伦只需要18天的路程。"

国王满意地笑了，说："孩子，你说得很正确，其实我早就去过卡伦了。"

几位王子不解地问："那么父王为什么还要派我们去探路呢？"

国王一脸郑重地说道："我只是想告诉你们四人，没有比脚更长的路。"

的确，世界上并没有比脚更长的路！成长的过程也是如此，无论遇到多大的困难，都要让自己的心中充满希望，要主动积极地寻找出路，让一切困难得到解决。

【哈佛成长小贴士】

成长过程总会遇到失败与挫折，多数人的人生可能是平庸的，甚至碌碌无为。不过，在面对各种打击与困难的时候，你必须选择勇敢和坚持，对每一次失败说"不"，这样或许就能够让你的人生变得丰富多彩起来。

事实上，很多看上去很糟糕的问题，根本没有你想象得那样糟糕。因为生活总会给你留下一点机会的。哈佛学子们也相信这个道理，所以他们从来不会自怨自艾，更不会对生活感到失望。他们知道，只要有勇气再坚持一下，生活就会出现转机。

你应该明白，任何成功都需要坚持，任何梦想也需要坚持，那么如何才能做到坚持不懈呢？我想你可以尝试以下几种方法：

要有必胜的信念

不管生活给我们怎样的试题，我们都要有坚定的信念，交出一份最好的答卷。不管遇到什么事情，都不能气馁，不能轻言放弃，要相信坚持到底，成功必然属于自己。

要学会自我疏导

当困难和失败与你不期而遇的时候，你一定要学会自我疏导，要将所有悲观的情绪化成乐观的情绪，要拥有战胜困难和失败的勇气，绝对不能认输，不能坐以待毙。

要学会自我安慰

当失败降临的时候，你应该努力恢复自己的心理平衡，要学会给自己减轻压力和挫败感，不要沉溺在失败中无法自拔。

要学会重新出发

失败了并不可怕，只要你重新鼓起勇气，再次出发，总能将失败踩在脚下。

【趣味小试题】

甲、乙、丙在读同一本故事书，书中有 100 个故事。每个人都从某一个故事开始，按顺序往后读。已知甲读了 75 个故事，乙读了 60 个故事，丙读了 52 个故事。那么甲、乙、丙三人共同读过的故事最少有多少个？

答案：

最少有 12 个。

积极主动的 "大灰狼"

用积极心态和消极心态处理问题，会带来不同的结果。

一位年轻人和一位老人分别要在夜晚的不同时间里，穿过同一片阴森可怕的树林。

在出发之前，他们都听说这片树林里曾经出现过一只大灰狼，那是从远处的一座大山上跑来的。不过，到底树林里有没有大灰狼，谁也不敢确定。

在老人临行前，别人都劝他说："还是不要去了，你一个老年人，体弱多病的，太危险了。"可是老人却说："我已经和树林那边的人约好了，今晚无论如何都要赶到。再说，我已经快七十岁了，就算被大灰狼吃了也不要紧。"

于是，老人出发了。他带了一根木棍和一把斧头，十分坦然地走进了树林里。

几个小时之后，当老人走出树林时，已经十分疲惫了。

透过朦胧的月光，能够看到老人身上有许多血迹。

年轻人出发前，别人也以同样的方式劝他，可是他犹豫了一下，心想："老人都去了，如果我退缩的话，那不是太没面子了。"

于是，年轻人也拍着胸口说："我已经和树林那边的人约好了，无论如何都要过去的。"

　　然后，年轻人又想："如果我能够和老人一起去，那该多好啊！毕竟两个人要安全得多。我还年轻，以后日子还很长呢！"他越是这样想，心里就越是害怕。

　　他带着恐惧走进树林里，可是却没有到达树林的另一边。等到天亮的时候，人们只在那片树林里看到了一堆新鲜的骨头。

　　这就是积极的心态与消极的心态产生的不同后果。老人因为充满了勇气与信心，所以成功地走出了森林；年轻人却因为恐惧与退缩而被大灰狼吃掉了。所以，成长的过程，也是不断积极进取的过程，只要拥有积极主动的心态，就一定能够获得成功！

【哈佛成长小贴士】

　　一般情况下，孩子出现两种状况，会让父母或老师头疼不已。

　　一种状况是孩子非常执拗，父母或老师越不想他们做什么，他们就越是要做什么；另一种情况是孩子不听话，无论父母或老师怎么教育，他们都无动于衷。无论哪种状况，都是孩子叛逆及消极心理的表现，都不利于孩子成长及成才！

　　哈佛教授说过："孩子的成长需要积极主动的力量。"在现实生活与学习中，孩子做任何事情都需要积极主动。从行为上来说，孩子的行为又可以分为消极行为和积极行为。

　　消极行为，也就是孩子在言行上经常出现懈怠、悲观、愤怒、无所作为等负面情况，比如发牢骚、发脾气、轻视他人、争吵、打架等。虽然这些消极行为并不算什么大的问题，可是日积月累就会变成另外一回事了。

　　积极行为，就是孩子所做的一切积极有益的事情，比如好好学习、帮助父母做家务、按照要求完成家庭作业、按时作息、礼貌待人等。这些行为对于成长中的孩子来说，具有很大的益处，也是孩子未来获得成功的基础。

　　所以，从现在开始，你应该思考一下，在自己身上存在哪些消极行为，又存在哪些积极行为。对于消极行为，能改的就尽量去改正；对于积极行为，

能加强的就尽量去加强。当你拥有积极主动的心态以及行为时，困难将变得渺小，成功也将更容易。

【趣味小试题】

艾萨克和汤姆每人拿了一个酒瓶，里面都装着酒，两人想把酒分匀。汤姆先把自己酒瓶中的酒往艾萨克瓶中倒，使艾萨克瓶中的酒成了原来的2倍。艾萨克又把酒往汤姆瓶中倒，使汤姆瓶中的酒增加到3倍。这样倒了两次，还是没分匀，艾萨克瓶中有酒160克，汤姆瓶中有酒120克。请问艾萨克、汤姆瓶中原来各有多少酒？

答案：

艾萨克倒给汤姆之前，艾萨克有240克，汤姆有40克；汤姆拿给艾萨克之前，艾萨克有120克，汤姆有160克。

第五章

随处的用心是困难的克星

　　我们都知道，成长并不是一件容易的事情，如果没有受到困难和挫折的洗礼，就无法破茧成蝶，获得伟大的成功。当困难一次次向你发起挑战，你能够做的就是随处用心，不要让自己露出任何破绽。如果你能够用心去面对各种困难，必定会得到成长与成功。

不要变成胆小鬼

一位美国前国务卿回忆起小时候，印象最为深刻的一句话就是："这里没有胆小鬼！"

在这位小姑娘4岁的时候，她与家人一起从外地搬到了芝加哥郊区的帕克里奇居住。在那样一个全新的环境中，聪明可爱的小姑娘很想认识新的小伙伴。可是她发现这实在是太难了，因为那里的小伙伴对她并不友好。

小姑娘出去玩耍时，经常会被邻居家的孩子嘲笑、捉弄和欺负，有时候还将她推倒甚至打倒在地上。每次遇到这样的情况，小姑娘都会哭着跑回家去，然后好长一段时间不敢出门。

小姑娘的母亲静静地观察了好几天，对她这种畏惧而逃避的心理感到十分生气，母亲决定让小姑娘去接受挑战，让她学会用勇敢去克服困难。

有一天，小姑娘又被邻居家的孩子欺负了，当她哭着跑到家门口时，母亲正站在那里，挡住了她的去路，并且大声对她说："回去！勇敢地面对他们，这里没有胆小鬼！而且，我们家也容不下胆小鬼！"

母亲的严厉让小姑娘感到无所适从，不过她还是得硬着头皮回去。那些欺负她的孩子们大吃了一惊，他们没有想到，这个小丫头这么快又回来了。

最后,小姑娘终于以自己的勇气战胜了困难,结交到了一群要好的小伙伴。

在以后的岁月中, 当遇到困难与挫折的时候, 她总会鼓起勇气, 大胆地迎接挑战。也正是因为这样, 她后来成为美国的国务卿。

【哈佛成长小贴士】

有一句话这样说: "从不获胜的人, 很少会失败; 从不攀登的人, 很少会摔倒。"成功者之所以会成功, 就是因为他们懂得如何坦然地面对失败, 如何在困难中寻找解决的方法。由于不断失败、不断跌倒, 又不断爬起、不断前进, 他们才能将迈向成功。

对于成长中的孩子来说, 害怕失败几乎是一种普遍存在的心理。其实不仅仅是孩子, 很多成年人也会害怕失败。因为失败会刺激人的自信心, 让人怀疑自己, 不再相信自己的能力, 甚至连再次尝试的勇气都没有了。

现在你也可以回想一下, 当你抱着期望去做一件事情, 最后却以失败告终的时候, 你会产生什么样的心理呢? 虽然失败是再正常不过的事情了, 可是你的心理还是难以接受, 甚至留下了"后遗症", 总是害怕自己会再次失败。

害怕失败, 也是意志力较为薄弱的表现。意志坚定的孩子, 会在做完一件事情时, 自己进行判断, 无论结果是好或坏, 他们都能够以正确的心态去面对。有的孩子却太在意其他人的看法, 甚至会把其他人的评价当成事实, 因而对自己产生不信任的感觉。

做事要用心去做, 无论什么事情最好是自己想做的、喜欢去做的, 而不是被他人的意见所左右。正因为是自己想去做的事情, 所以就算失败了, 也不会因为失败而轻言放弃, 而是会去思考失败的原因, 为下一次的努力做好准备。如果说这是一个过程, 那么在经历过无数次类似的事情之后, 也就学会了总结教训、吸取经验, 为接下来的成功而努力奋斗了。

【趣味小测试】

你是一个胆小鬼吗?

下面的问题，请你快速回答，选出你脑海中出现的第一个答案：

1.说到"时钟"会想到什么？

A．手表

B．闹钟

2.说到"英雄"会想到什么？

A．强壮

B．正义

3.说到"前辈"会想到什么？

A．集体活动

B．晚辈

4.说到"红花"会想到什么？

A．郁金香

B．玫瑰

5.说到"动物园"会想到什么？

A．熊猫

B．狮子

6.说到"男生最喜欢的运动"会想到什么？

A．棒球

B．足球

7.说到"书"会想到什么？

A．教科书

B．小说

答案分析：

0～1个A：你的胆量要比别人大一倍。你是不管何时都不会感到害怕的那种类型，即使承受压力，也可以冷静地以平常态度去面对。你这样的个性会让很多人觉得你值得依赖。

2～3个A：你是假装的胆小鬼，只要一遇到意外情况，就马上会展现胆量的那种类型。在事情发生之前你很怯懦，但事情一旦发生就会发挥出你

的能量，因此在比赛或考试时，你总会比预料中的表现好很多。

　　4～5个A：你是隐藏的胆小鬼。在人前你总是一副很坚强的样子，其实你是一个很胆小的人，嘴里说着"没什么，没什么"，心里却无限恐慌！

　　6～7个A：你是个超胆小的人，即使只是稍受惊吓，你也会吓得半死。所以当机会来临时，你要尽力使自己沉稳，偶尔要冒险一下。

有一条船永远也不会沉没

在英国萨伦港的国家船舶博物馆里，停泊着一条永远也不会沉没的船。

这是英国劳埃德保险公司在拍卖市场买下的一条船，它第一次下水的时间是1894年，在广阔的大西洋上曾经138次撞击冰山，116次触礁，13次起火，207次被风暴折断桅杆，不过在经历过这些意外之后，却从来没有沉没过。

正是由于这条船的传奇经历，劳埃德保险公司才会决定将它从荷兰买回来，捐赠给国家。不过，让这条船声名远扬的，却是一名普通的观光律师。

当时，这位律师打输了一场官司，委托人也于不久前自杀了。尽管这不是他第一次失败，也不是他所遇到的第一例自杀事件，不过每当这样的事情发生时，他总是有一种负罪感。很多时候，他自己也不知道如何去安慰那些在生意场上遭受失败的不幸的人。

后来有一天，他在萨伦船舶博物馆看到了那条船，忽然就产生了一种想法："为什么不让那些败诉的人来参观这艘船呢？"

于是，他把这条船的历史抄下来，并且还给这条船拍了照片，一起挂在他的律师事务所里。每当商界的委托人请他来辩护时，不管是输还是赢，他都会给他们讲这条船的经历，并且建议他们都亲自去看看。

那些胜诉或败诉的人，在了解这条船的经历，或者亲自参观过这条船之后，心灵都受到了很强的震撼。

这条船的经历也告诉我们：在大海中航行的船，没有不带伤的，生活中也没有人从没经历过困难和挫折。所以，在人生的道路上，你应该学会勇敢和坚强，即使屡屡遭遇挫折，也要百折不挠地挺住，这就是成功的秘诀所在！

【哈佛成长小贴士】

《哈利·波特》的作者罗琳女士在哈佛大学的毕业演讲中说过："失败可以带你认识最真实的自己，也会给你一往无前的勇气。只有当你面对绝境时，你才知道自己有多勇敢。"

的确，一个人是否能够获得成功，不仅要看掌握的知识量，还要看他如何去面对困难或绝境。现在的孩子普遍缺少抗挫折能力，因为从小养尊处优，父母宁愿自己吃苦受累，也不愿让孩子受一点点苦。在顺境中成长起来的孩子，总会缺少一定的抗挫折能力以及勇敢进取的精神。如果你是这样的孩子，应该如何去培养自己的抗挫折能力呢？

第一，正确地认识困难与挫折

成长的过程，原本就是一个不断摔倒再不断爬起来的过程，因此对于跌跤、磕碰之类的小意外，甚至大一些的困难与挫折，你都应该抱着平常心去对待。既然困难与挫折无法避免，又是你必须去面对的事情，那么还有什么好害怕的呢？

第二，多让自己进行情境练习

在生活中，你也可以刻意地让自己进行情境练习，比如多去参加一些竞技类的体育项目，在比赛中去体验成功的喜悦和有失败的苦恼。如果失败了，好好反省自己，思考以后如何避免类似的情况，自己如何改进。这样就能够逐渐培养自己的抗挫折能力，让自己变得勇敢起来。

第三，要改变自己的受挫意识

你知道如何在困难和挫折面前，淡化和改变自己的受挫意识吗？答案很简单，就是不断地鼓励自己，给自己更多正面的评价，让自己获得更多的安

全感与自信心。正面积极的自我鼓励，能够强化你的行为能力，让你更加自主自强。

第四，树立一个学习的榜样

榜样的力量是无穷的，如果你的抗挫折能力较差，那么就去寻找一个学习的榜样吧。他们可以是古今中外的任何人，只要他们身上具有百折不挠、越挫越勇的精神，就值得你去学习。

【趣味小试题】

贝蒂最喜欢的数字就是9，有一天老师问她："你知道从 1 数到 100，要数几次 9 吗？" 贝蒂摇了摇头。老师接着说："那么现在给你一分钟时间，请你说出从 1 到 100 有多少个 9。"贝蒂感到为难了。你能帮贝蒂数一数吗？

答案：
20 个。

用心灵去把门敲开吧

用勇气和胆量勇敢地进行尝试，用心灵把门敲开。

威利是一个懂事的孩子，在他很小的时候，就开始自己的卖报生涯了。他这样努力，是为了帮助父母减轻负担，自己赚来的一点儿钱也能够补贴家用呢！

不过，卖报也不是一件容易的事情，常常会因为地盘和别人发生争执。然而，威利却从来没有示弱，每次都能找到胜利的方法。有时候，威利去一家小酒吧卖报，那里聚集的人多，销量也会好一些。只是酒吧老板并不欢迎小报童的出现，经常将他们赶出来。威利并没有退缩，总是趁人不注意的时候，又偷偷地溜进去。

初中毕业以后，威利准备升入高中。那一年夏天，母亲说："你可以尝试一下去为保险公司拉生意，这样还可以锻炼你的口才。"

威利在母亲的鼓励下，来到了一家保险公司楼下。当时的威利不知道应该从哪里开始，心里有些害怕，甚至想要打退堂鼓了。

这时候，威利又想起自己做报童时的勇气和胆量，于是对自己说："当你去做一件对你有益无害的事情时，你就应该勇敢地进行尝试，而且应该说

干就干！"

威利这样想着，毅然走进了那家保险公司。于是，他成为了一名保险推销员。

威利对工作很认真，经常从一个客户的家里出来，又马上走进另一个客户家，不断给客户讲解保险知识，劝他们购买自己的保险。在威利的不断努力之下，终于有两位客户购买了他的保险。

这样，在保险公司的账户上，威利也多了几美元的佣金，这让威利感到十分欣喜。

虽然佣金不多，可是对于威利来说，意义却很重大，甚至可以称得上是他成长过程中的一座里程碑。

威利可能自己都不知道，正是他用心去对待自己的工作，用心去为客户着想，才取得了成功。那两位客户都说，是威利的心灵把门敲开的！

所以，只要用心做事，总能够得到美好的回报。

【哈佛成长小贴士】

一篇博客上有这样一句话："一个人不是因为进了哈佛而变得优秀，而是因为优秀才去了哈佛，以后才会变得更加优秀。"这句话一定也能够给你一些启迪。

每个孩子都是天才，就算你觉得自己还不够优秀，也不要感到灰心丧气，而应该不断调整自己的状态，努力地学习和提升自己，让自己变得更加优秀。当你拥有了积极向上的力量，对事情也都用心去做，那么变得优秀只是时间的问题。

一个优秀的孩子，做任何事情都拥有恒心，就算遇到了难以解决的问题，也会让自己冷静下来，让自己正确地看待挫折，而不会一开始就觉得自己解决不了这样的问题，从而选择逃避。很多问题的发生，都是因为没有做好准备工作，所以当不可避免的问题发生，一定要学会冷静地思考问题的根源，这样才能更好地解决问题，并且预防类似的问题再次发生。

当困难向你袭来之时，你会感觉压力很大，这个时候你就要学会释放压

力，调整好自己的心态，让自己拥有更大的勇气和力量。至少你该明白，成长不可能是一帆风顺的。在你面对困难的时候，不要感到害怕，而要越是挫折越要勇敢，这样才能战胜困难，超越自己。其实，只要你能够用心去解决、去努力、去奋斗，就会发现一切并没有你想象得那样糟糕，问题甚至是很容易解决的。

所以，成功的秘诀就是，用心把门敲开！

【趣味小试题】

南京长江大桥的铁路桥共长 6772 米，一列货车长 428 米，每秒行驶 20 米，那么全车通过大桥要多少时间呢？

答案：
6 分钟。

哈佛的成功秘诀就是"再坚持一下"

哲学家苏格拉底说："许多赛跑者的失败，都是失败在最后几步，跑应该跑的路已经不容易，跑到尽头就更难了。"对于成功者来说，他们可能只是在最后时刻多坚持了一下！

从哈佛大学毕业以后，罗宾成为了一名令人羡慕的新闻记者，薪水丰厚，工作体面。正当事业蒸蒸日上时，罗宾却辞掉了工作，做起了广告业务员。

家人和朋友都很不理解罗宾，认为他是在瞎闹。罗宾自己却不这样认为，他说："新闻记者难以体现我的人生价值，所以我要进入挑战更大、机遇更多的广告行业。"

罗宾怀抱着梦想，对未来也是信心满满。他对广告公司的经理说："我可以不要薪水，只要从自己的业绩中提成就行了。"经理当然很乐意。因为不管他的业绩怎样，对于公司来说都只盈不亏。

经理交给罗宾的第一份客户名单，就是一笔"大单"，因为名单上的客户都是国际大企业的老总。在这之前，公司里的所有广告业务员都没能将这些大客户拿下来，而且还碰了一鼻子灰。罗宾欣然接受了挑战。其他同事却在一旁讥笑他，等着看他的好戏。

第二天，罗宾开始去拜访这些客户。仅一天时间，就有三个"不可能合作"的客户被他搞定；几天之后，又有几位客户与他签订了合同；一个月之后，名单上只剩下最后一个名字没有画上钩了——最后一位客户也是最难搞定的，因为他已经拒绝过罗宾无数次了。

为了拿下最后一位客户，罗宾每天都会去拜访那位客户一次，虽然每次那位客户都会说"不"，可是罗宾从不放在心里，第二天仍然像拜访新客户那样前去拜访。很快又一个月过去了，最后那位客户终于有兴趣和罗宾说上几句。他对罗宾说："你在我这里浪费了两个月的时间，我想知道是什么让你坚持这样做？"

罗宾说："我的时间并没有浪费，而是用在了学习上。您就像我的老师，让我学会了一样东西——坚持！以前在哈佛大学读书的时候，教授就经常教导我们，面对困难，只要再坚持一下，就能成功了。"

最后一位客户点了点头，他没想到罗宾居然是哈佛毕业生。在沉默了片刻之后，他对罗宾说："其实，我也一直在学习，您也像我的老师一样，让我学会了什么是坚持，对我来说，这比金钱更加宝贵。为了表示我的感激之情，我决定买下你们公司的一个广告版面。这是我付给您的学费，而不是我放弃了坚持。"

就这样，客户名单上最后一个"钉子户"被拔除了。罗宾因此成了广告公司的业务主干，得到了经理与同事的一致赞美。第三个月的第一天，罗宾被提升为广告分公司的主管，手下有近40名员工。在这里，罗宾找到了全新的发展空间。

有人问罗宾："是什么让你坚持拿下那位客户的？"

罗宾说："因为我始终记得哈佛教授对我说过的那句话，'在追求梦想的道路上，总会遇到各种拦阻，这时候如果能够再坚持一下，就一定能够度过难关，到达成功的彼岸！'"

"坚持一下，再坚持一下……"这就是罗宾的成功秘诀！

【哈佛成长小贴士】

哈佛大学一直很重视培养学生的耐性，因为在面对困难与挫折时，谁能够坚持得更久，谁就离成功更近。一位哈佛教授问学生："你知道成功与失败之间的差距是什么吗？"学生回答说："是否懂得坚持。"教授点了点头，说："成功与失败的差距仅仅一步之遥，只要咬紧牙关坚持一下，成功便会向你招手了。"

不过在现实生活中，孩子们的耐性却让人担忧。很多孩子在面对困难的时候，首先想到的就是放弃，而不是坚持。还有一些孩子，刚开始的时候还能够勇敢向前冲，之后困难没有解决，便开始退缩放弃了。

那么，如何才能培养自己的耐性呢？

要确立可行的目标

有人做事情比较盲目，也不善于给自己制定目标，因此当困难出现的时候，就容易出现逃避心理，并且容易放弃。所以，要学会给自己确定目标，这样才有方向感，才知道如何去努力。

做事情要尽力而为

做事容易放弃，有时候是出于惯性，所以你应该让自己养成尽力而为的好习惯。无论做什么，首先要询问自己，真的尽力了吗？是不是可以再坚持更久一些？很多时候，觉得已经尽力了，其实还有潜能可以发挥。

【趣味小试题】

戴茜暑假回到了村子，每天帮着妈妈放鸭子。不过她不知道妈妈一共养了多少只鸭子：刚开始的时候，她 3 只 3 只地数，还剩下 3 只；她又 5 只 5 只地数，结果剩下 4 只；然后她又 7 只 7 只地数，最后剩下 6 只。戴茜数了好久，就是数不清楚。你能帮她数一数有多少只鸭子吗？

答案：

69 只。

跌倒了，要及时爬起来

有一位父亲感到十分苦恼，他的儿子西蒙已经8岁了，可是一点儿男子气概都没有。于是，父亲去拜访了一位哈佛教育学家，希望他能够帮助训练西蒙。

教育学家告诉父亲："我可以帮助你，把西蒙培养成一个真正的男子汉，但有一个条件，就是让西蒙在我这里待三个月，这三个月里你不能来看他。"

父亲思考了一下，同意了。三个月后，父亲急切地跑来接西蒙。

哈佛教育学家特意安排了一位空手道教练和西蒙进行比赛，想让这位父亲看看这三个月的教育成果。空手道教练一出手，西蒙就倒下了；很快他又站起来，迎接挑战；教练再次出手，西蒙又被打倒了……这样的动作一共重复了10遍。

教育学家问父亲："你觉得西蒙的表现怎样？有没有男子气概了？"

父亲失望地回答："我感到十分羞愧。没想到把他送到这里来训练，最后却如此不堪一击，结果太让人失望了。"

教育学家却说："难道你没有发现，西蒙不断被打倒，又不断爬起来？这需要多大的勇气和毅力啊！有了这样的勇气和毅力，难道还不足以成为一个真正的男子汉吗？"

父亲顿时失语，然后用挚爱而欣慰的眼神望着西蒙。

其实，成功原本很容易，只要你爬起来比倒下去多一次就行了。在孩子的成长过程中也是如此，跌倒了，马上爬起来，这就是一种成长。

【哈佛成长小贴士】

人的一生总会经历很多挫折与困难，可以说每一次成功都是由无数次失败作为奠基的，所以人生失败的次数总是多于成功的次数。失败比成功更容易来到我们身边，一个人面对失败的态度，往往会决定他们成功的速度与次数。

对于成长中的孩子来说，失败也是时常会遇到的事情，失败之后当然应该努力站起来，与失败做顽强的抗争，以乐观的心态去面对全新的挑战。正如牛顿说的一句话："如果你问一个善于溜冰的人是怎么获得成功的，他会告诉你，跌倒了，要及时爬起来，这就是成功。"

每个孩子都会经历失败，但是只有那些能够经得起考验、跌倒了还能爬起来的孩子，才能达到成功的顶峰。这样的孩子往往有坚强的性格，他们的心智也会比同龄的孩子成熟许多。世界上并没有永远的失败，只有暂时还未成功。不过成功需要战胜困难的勇气，这种勇气来自哪里？就是对自己能力的肯定，以及不断地努力奋斗！

孩子总会有长大的一天，因此必须学会独立面对生活与学习中的困难。如果一个人总是在失去的痛苦中不能自拔，那么他将永远生活在悲哀中，最终也不会成功。"跌倒了不要紧，重要的是爬起来再次出发！"

【趣味小试题】

今年的 10 月 1 日是星期一，那么明年的 10 月 1 日是星期几呢?

答案:
星期二。

南极的对面是什么

在短短的一年时间里，杰瑞已经了失去了6份工作！

杰瑞是电脑二级程序员，可是第一家公司却嫌他的打字速度太慢，工作没有成效；另外，杰瑞还拥有律师执业证书，不过第二家公司却认为他的口语不过关；第三家公司是因为与同事闹矛盾，他主动炒了老板；接下来，是第四家、第五家……

事业上的重重打击，让杰瑞感到压力很大。他找到了自己的好朋友提姆。

杰瑞说："这一年的时间，我都白白浪费了，怎么努力都是失败！"

提姆听杰瑞讲了自己的经历以后，微笑着对他说："杰瑞，我知道你很烦，可是你能听我给你讲一个笑话吗？"

杰瑞点了点头："你说吧！"

提姆说："从前，有一个探险家去北极，可是最后却走到了南极，人们问他为什么，探险家回答：因为我没带指南针，所以找不到北……"

没等提姆把话说完，杰瑞就打断他的话："怎么可能呢？南极的对面不就是北极吗？只要他转身就可以了。"

提姆反问："那么失败的对面呢？不就是成功吗？"

顿时，杰瑞像被醍醐灌顶，明白了失败的意义。

其实，在这个世界上，并没有绝对的成功与失败，因为失败的对面就是成功。只要你能够在失败后找到对待问题的方法与态度，就能够反败为胜。失败就像你的指南针一样，经历过一次失败，就排除了一次错误，也就向成功更近一步了。

【哈佛成长小贴士】

南极的对面就是北极，失败的对面就是成功。这是哈佛学子都明白的道理，因为每一位成功者背后必定有失败的经历，只是在面对同样的失败时，成功的想法和选择却不一样。

失败之后通常有两条路摆在你面前：一是被失败打倒，从此一蹶不振，失去重新开始的勇气和信心；二是再次爬起来，正确看待失败，最终获得成功。其实，这个世界上并没有绝对的成功与失败，也没有所谓的"绝境"。不管黑夜有多么漫长，太阳总会再次升起；无论风雪怎样肆虐，春风都会吹绿大地。只要你能够用心去面对困难，拥有拼搏进取的精神，那么任何失败都只是暂时的，或许一个想法的转变，就能够将失败转化为成功。

心理学家阿特金森说过："做事的动机只有两种，那就是追求成功和避免失败。"很多人可能会觉得，对于失败的恐惧感会比对于成功的渴望更加强烈，也能给人更多的动力。不过，被失败的恐惧驱赶着前进的时候，你肯定会是焦虑、战战兢兢和患得患失的；而对于成功的渴望会给你乐观、斗志和活力，让你对未来充满希望。

不知道你有没有发现，追求成功和避免失败还有另一个差别，就是人们的关注点不同。如果做一些努力能够增加成功的可能性，你会去做吗？追求成功的人肯定会，因为那样更容易成功。可是避免失败的人却不一定会，对于他们来说，更重要的是保护自己的自尊，让自己不受失败之苦。避免失败的人会认为，如果做了更多努力而没有成功，那么别人肯定会怀疑和嘲笑自己，这对自尊是一种损失。所以，他们宁愿放弃努力，也不愿意面对更多的失败。

其实，只要能够把心态调整好，要想获得成功也并不是什么难事。因为很多失败里都隐藏着成功的机遇，就像南极的对面就是北极一样。

【趣味小试题】

如果给你243颗外形一模一样的珠子,然后告诉你,其中有一颗稍重一点,再给你一架没有砝码的天平,那么你至少要称几次才能找出这颗珠子来呢?

答案:

5次。第一次分成三组,每组81颗,找出稍重的一组;第二次把稍重的一组又分成三组,每组27颗,也找出稍重的一组;第三次把稍重的一组又分成三组,每组9颗,也找出稍重的一组;第四次把稍重的一组又分成三组,每组3颗,也找出稍重的一组;第五次把稍重的一组找出稍重的那一颗。

哈佛大学图书馆藏书票欣赏

第六章

一时的烦恼是美丽的蜕变

　　哈佛是充满快乐的校园，所有哈佛学子都乐观开朗，因为他们知道所有的烦恼都是一时的，只有快乐才是生活的主旋律。如果你是一个快乐的孩子，就把自己的快乐传递给身边的家人和朋友吧！在这个过程中，你不仅会收获加倍的快乐，还能得到美丽的"蜕变"。

数一数快乐的星星

我们所面临的客观生活环境，常常是无法轻易改变的，那我们该如何面对呢？

年轻军官罗伯特接到上级的命令，他被调往一处荒芜的沙漠基地。

可是，他才刚刚结婚，怎么忍心让新婚的妻子跟着他前往沙漠受苦呢？妻子却不这样想，她说："我是你的妻子，无论你走到什么地方，我都愿意跟随你。"

罗伯特很受感动，于是带着妻子去沙漠基地报到了。他在驻地附近找了一户印第安人家，将妻子安顿在一间小木屋里。沙漠中的夏天十分炎热，风沙又大，而且早晚温差变化很大，更让人郁闷的是部落中的印第安人不会说英语，连日常沟通都很困难。

时间过去了几个月，妻子渐渐无法忍受这样的生活，她写信给自己的母亲，诉说沙漠生活的艰辛与无奈，并且在信中提及想要回归繁华便利的都市生活。

母亲回信却只说了一句话："从前有两个囚犯同住在一间牢房里，他们同时向窗外望去，一个人看到了满地的泥泞，另一个人却看到了满天的繁星。"

妻子原本就是发发牢骚，也不是真的想要离开。在接到母亲的信件之后，

她对自己说："好吧，我去把那些快乐的星星找出来……"

从此，她的生活态度发生了翻天覆地的变化。她开始积极地走进印第安人的生活，学习他们的烧陶与编织，并且迷上了印第安文化。她还认真地研读了许多天文学方面的书籍，利用沙漠地带的优势观察星星。几年之后，她出版了几本关于星星研究的书籍，成为了天文学方面的专家。

虽然她还是生活在沙漠中，不过内心却多了很多快乐，少了很多烦恼。她经常会对自己说："因为有了罗伯特的陪伴，我的世界里全部都是快乐的星星。"

哈佛教授经常教育学生们："如果环境无法改变，那么就去改变自己的心态。"当你的环境无法改变的时候，再怎么发牢骚也无济于事，唯一的办法就是改变自己，让自己拥有快乐的心态，让自己充满热情地投入生活，这样或许你就能找到属于自己的快乐的星星！

【哈佛成长小贴士】

哈佛心理学研究表明，积极快乐的情绪有利于孩子的成长，可以促进孩子的智力及情商发展，也有利于培养孩子开朗、自信的性格。那么，如何才能改变自己的心态，让自己获得更多的快乐呢？

给自己充足的游戏时间

爱玩是孩子的天性，游戏是童年时期最重要的事情。通过游戏，孩子能够更加了解世界，更加适应环境，也更明白竞争与规则的意义。当然，随着进入学校，游戏的时间少了，学习变得更加重要一些，不过也不能因此少了休息与玩乐，它们能让你获得轻松与快乐。

多与同龄的小伙伴接触

孩子在与同龄小伙伴接触的过程中，往往会表现出更多的、更明显的积极情感模式，积极言语、表演动作明显增多，情绪也更加快乐愉悦。尤其是现在的独生子女，更应该多和同龄小伙伴交流玩耍，这样才能产生更多的快乐。

多传递快乐给身边的人

你一定听过一句话："快乐是会传染的。"如果身边的人感到快乐，你

也会被传染；同时传递快乐给身边的人，也会让你感到无比快乐。

总之，要让自己拥有更多的快乐，这样才能让成长变得简单而美好。

【趣味小试题】

"1、2、3……9、0"这些被称为阿拉伯数字的创始人是阿拉伯人，对么？

答案：

1、2、3……9、0 这些数字是在公元 8 世纪时从印度传到阿拉伯去的，到了公元 10 世纪又从阿拉伯传到了欧洲。欧洲人便称它为阿拉伯数字。

起初，阿拉伯数字遭到欧洲人的反对，当时的欧洲通行的是罗马数字。直到公元 14 世纪，意大利商人开始使用阿拉伯数字，又经历几个世纪形成现在这样的写法。

所以阿拉伯数字的创始人是印度人，而不是阿拉伯人。

快乐就住在你的心中

卡耐基说过："拥有了成功的心态，成功就会向你走来。"同样的道理，拥有了快乐的心态，快乐也会向你走来。在哈佛积极心理课上，有这样一个经典的故事：

有一天，一位旅行者来到一座古老的村庄，看到村口坐着一位老人，于是便问："请问，这个村庄里的人怎么样？"

老人反问说："你之前路过的村庄怎么样？"

旅行者回答："他们真是糟透了，很不和善。"

老人说："我们这个村庄里的人也不和善！"

第二天，又有一位旅行者来到村庄，他也问老人："这个村庄里的人怎么样？"

老人同样反问："你之前路过的村庄怎么样？"

这位旅行者回答："他们真是太好了，都非常和善。"

老人微笑着说："你会发现，我们村庄的人也非常和善。"

有人不理解，为什么同样的一个问题，会得到两种完全不同的答案呢？老人却说："不同的人，面对同样的事物，却有不同的感受，这取决于他的内心。"

如果一个人的内心充满了阳光、美好和善意，那么他的世界也将是阳光、美好和善意的。

【哈佛成长小贴士】

在孩子的成长过程中，快乐扮演着十分重要的角色。如果一个孩子懂得寻找快乐，那么他就会拥有克服困难的勇气，也就没有迈不过的坎儿。一个充满快乐的孩子，也往往是最容易获得成功的那个人，因为他会比一般人少几分烦恼，多几分自信。

哈佛心理学教授威廉·詹姆斯曾说过："我们这一代人的几个重大发现之一，就是一个人如果能够改变自己的心态，就能改变自己的一生。"那么，如何才能让自己拥有快乐的心态呢？

首先，避免过于奢华的生活

如果孩子的物质生活过于奢华，就会产生一种贪得无厌的心理，对于物质的追求也就更难得到满足，这就是为什么大多数贪婪者并不快乐的根本原因。相反，那些过着单纯平凡生活的孩子，往往会因为得到一件玩具而开心不已。这就是心态上的不同。

其次，学会摆脱现实的困境

哪怕是天性乐观的孩子，也不可能事事顺心，更不可能"永远快乐"。所以你必须让自己拥有摆脱现实困境的能力，当你通过自己的努力，终于战胜了困难，那种喜悦也是无与伦比的。如果困境一时没有摆脱，也要学会忍耐，等待更好的机遇。

最后，拥有适度的自信

人的自信度与快乐度息息相关。如果你是一个自卑的孩子，快乐一定也十分有限，你必须发现自己身上的闪光点，树立自信心。如果你是一个自信的孩子，那么一定不会缺少快乐，因为你相信自己，也相信人生。

【趣味小试题】

甲、乙、丙三人步行的速度分别是：每分钟甲走 90 米，乙走 75 米，丙走 60 米。甲、丙从某长街的西头、乙从该长街的东头同时出发相向而行，甲、乙相遇后 4 分钟乙、丙相遇。那么这条长街的长度是多少米？

答案：

甲、乙相遇后 4 分钟乙、丙相遇，说明甲、乙相遇时乙、丙还差 4 分钟的路程，即还差 4 × (75+60)=540 米，而这 540 米也是甲、乙相遇时甲、丙的路程差，所以甲、乙相遇 =540 ÷ (90−60)=18 分钟，所以长街长 =18 × (90+75)=2970 米。

多给自己快乐的心理暗示

哈佛积极心理学认为，多给自己正面积极的心理暗示，能够帮助自己获得更多的快乐。

很多年以前，在美国加州的一所中学里，哈佛大学的罗森塔尔教授曾经做过一个著名实验：

新学期刚刚开始的时候，罗森塔尔教授把那所中学的三位老师叫到一起，对他们说："你们是全校最好的三位老师，我特意让校长选出了一百名全校最聪明的学生，并且把他们分成三个班来让你们教。这些学生的智商和情商都要比一般的孩子高，所以希望你们能够将他们教得更好。"

三位老师愉快地点了点头，都表示要尽自己最大的努力教好他们。

罗森塔尔教授又嘱咐他们："在教学过程中，不要让这些孩子知道他们是全校最优秀的，并且是被精心挑选出来的，要像平时一样对待他们……"

三位老师都点头答应了。

一个学期之后，这三个班的学生果然都成绩优秀，在学校里名列前茅。

这时，罗森塔尔教授告诉老师们真相："其实那些学生并不是刻意挑选出来的优秀学生，只不过是随机挑选出来的普通学生而已。"

　　三位老师都惊讶不已，不过他们以为是自己的教学水平高，才让那些学生获得好成绩的。这时，罗森塔尔教授又告诉他们另一个真相，那就是三位老师同样是随机抽取的普通老师。他们被挑选出来，认为自己是最优秀的，而学生的智商和情商又高，所以对工作充满了信心，工作更加努力，最后的结果自然更好了。

　　不管我们做什么事情，只要能够充分地肯定自我，给予自己积极的心理暗示，那么你就完全可以做得更好，甚至成功了一半。

　　当你面对困难和挑战时，给自己一些暗示，告诉自己绝对能行，那么困难和挑战很可能迎刃而解，快乐的心情以及乐观的心态也就随之而来了。

【哈佛成长小贴士】

　　你喜欢和自己"谈话"吗？

　　很多孩子都喜欢自言自语，这样的"谈话"结果甚至会影响到日后的行为习惯，甚至成为自我人格的一部分，这便是自我暗示。

　　哈佛心理学教授指出，自我暗示又有积极和消极的分别：积极的自我暗示就是对自我的肯定，是对外界事物积极而有力的叙述；而消极的心理暗示，会让人对外界事物的认知形成某种心理定势，容易偏听误信，凭自己的直觉办事。

　　有一句话说"自己才是生命的主宰"，自己的人生是怎样的情形，很多时候可以通过自我暗示来掌控。如果你希望得到更多的快乐和幸福，那么就多给自己一些积极的自我暗示。

　　有人认为，自我暗示其实就是自我欺骗。事实上自我欺骗只是用虚构的海市蜃楼来安慰自己，它能够带给我们的快乐和满足显得虚无而微小。可是，积极的心理暗示却能给我们真切的快乐与幸福，让我们充满自信，让学习和工作富于希望和激情。

　　积极的自我暗示可以大声地说出来，可以默默地放在心里，也可以写在纸上反复地念诵。总之，只要我们意识到自己所说的一切都是真实而非虚无，就能够体会到满足和喜悦。正因为如此，无论在什么环境里，无论遇到怎样

的困难，青少年朋友都应该学会给自己积极的自我暗示，这样你就会发现，困难不过如此，生活原来可以如此快乐而美好！

【趣味小试题】

有 2 个三位数，它们的和是 999，如果把较大的数放在较小数的左边，所成的数正好等于把较小数放在较大数左边所成数的 6 倍，那么这两数相差多少呢？

答案：

715。

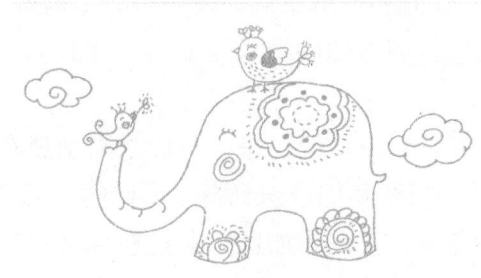

学会选择，才能收获快乐

在成长的过程中，孩子好像并不需要做出太多的选择，因为无论衣食住行，大多都被父母给安排好了。可是，不懂得选择的孩子，也缺少一定的自主性，这样的孩子往往没什么主见，也没有太多自己的想法，在遇到难题时总想着依靠他人，而不是自己去解决。

其实，只有学会选择，才能收获更多的快乐，否则你就只能被动接受。

一位哈佛心理学教授拥有多年的教学经验，还是一位心理医生，曾经治愈过很多患有心理疾病的人。在退休之后，他撰写了一部关于心理疾病的著作。

这部著作一共有一千多页，书中有各种病情的描述与治疗方法、情绪治疗方案等等。有一次，他受邀回母校演讲。在课堂上，他拿出了这本厚厚的著作，说："这本书有一千多页，里面有三千多种治疗方法，药物有一万多种，但是内容只有两个单词！"

说完，他就在黑板上写下了两个单词，一个是"如果"，另一个是"下次"。

他说，让一个人产生精神消耗和折磨的只有"如果"两个字，"如果我当年没有放弃学习""如果我考上了哈佛大学""如果我当年能够换一份工作""如果我能够更努力一点""如果没有那一次作弊"……

医治方法有数千种,但是最终的办法却只有一种,那就是把"如果"改成"下次","下次我一定好好学习""下次我一定选择进修""下次我一定找一份好的工作""下次我一定更努力一点""下次我绝对不再作弊了"……

学会选择,将"如果"变成"下次",你就一定能够获得成功与快乐。

【哈佛成长小贴士】

在成长过程中,想要拥有独立的人格和独立的思想,首先应该学会选择。

选择是每个人每天都必须要做的事情,无论在生活还是学习中,都存在着各种各样的选择。有的人在选择面前果敢决断,有的人在面对选择时却优柔寡断,犹豫不决。

一位哈佛教授在谈到人生的选择时说:"在学习选择之初,首先应该学会比较,对比选择项的各种特征、利弊,综合分析后再做出选择,这样才不容易出错。"比如当你去商店购买零食,通常都会有各种选择,你会将它们进行比较,小到颜色,大到味道、口感等;再比如,你每天放学回家,都有很多事情要做,同时也面临着许多选择——你必须选择先做作业还是先吃饭,或者先看电视。这样的选择都是属于你的权利。

孩子在选择过程中学会了独立思考。随着知识与阅历的增加,一个人最终的选择将取决于他的文化素质及生活经验,同时也能够表现出他分析事物、规划未来的能力。所以,你可以选择错误,但是绝不能放弃选择。

很多时候,"选择"都是一个大课题,连成年人都有可能出错,更别说年幼的孩子了。孩子不仅要学会选择,还要正视选择,不惧怕选择,因为世界上并没绝对正确的选择,只有心甘情愿地接受选择后的结果。

【趣味小试题】

桌子上有 3 张数字卡片,这几张卡片组成三位数字 236。如果把这 3 张卡片变换一下位置或方向,就会组成另外一个三位数,而且这个三位数恰好能够被 47 整除。那么如何改变卡片的方位呢? 这个三位数是多少呢?

答案：

将 236 中的 23 左右交换为 32，再把 6 的那张卡片上下倒置变为 9，即可组成三位数"329"，能够被 47 整除。

快乐并不在于物质的多少

很多人以为，只要在物质上满足孩子，就能够让孩子感受到快乐。不过，哈佛大学的幸福课导师泰勒·本－沙哈尔却说："快乐并不在于物质的多少！"

如果你将自己的快乐建立在物质之上，那么想要拥有真正的快乐或许就更难了。

罗宾是哈佛商学院的一名学生，他一直在寻找自己的快乐。

小时候的罗宾是一个天真快乐的孩子。上了小学之后，他的生活开始变得忙碌而忧虑了。父母和老师每天都在提醒他："用心听讲，才能取得好成绩，以后才能找到一份像样的工作。"

于是，罗宾将"获取好成绩"当成了自己的终极梦想。可是没有人告诉他，学习也可以是一件很快乐，很幸福的事情。小小年纪的罗宾就背负着学习压力，常常做噩梦，有时梦见自己考了倒数第一名，有时梦见自己变成了小乞丐。

罗宾开始厌倦学习，每天都期盼着能早点下课和放学。后来父母和老师又"开导"他："就算不喜欢学习，也要努力学习，不然就没有幸福的未来。"

罗宾经过努力，被哈佛大学录取了，心想自己终于可以快乐地生活了。可是好景不长，他又开始感到焦虑不安了，因为哈佛大学的竞争很激烈，他

总是担心自己被淘汰掉。于是在哈佛的四年里，他努力学习、不断成立社团，还参加各种比赛，也收获了不小的成绩和荣誉。

从哈佛毕业之后，罗宾在纽约的一家国际咨询公司找到了一份高薪的工作。他再次放下心来，心想现在终于可以好好享受生活了。然而这份工作让罗宾必须每个星期工作 84 小时，这样的工作压力一度让罗宾喘不过气来。

经过多年努力，罗宾终于开办了自己的公司，还拥有了豪宅和名车，所有的物质条件都变好了。可是他觉得自己一点也不幸福，每天都通过酗酒和吸毒来麻醉自己。偶尔他也会给自己一个假期，去夏威夷的海滩上晒太阳，可是快乐的感觉总是稍纵即逝。

罗宾拥有了所有人羡慕的物质生活，可是他却没有感到快乐和幸福。当年老的罗宾躺在病床上思索自己的一生时，突然不明白自己这一生追求的到底是什么。

罗宾虽然实现了自己的梦想，可是他却并不快乐，也不幸福，甚至不知道自己的追求是什么。这都是因为罗宾将自己的梦想建立在痛苦之上，那些所谓的梦想都是别人的梦想，而不是他自己的。虽然他拥有了别人羡慕的物质生活，可是却没有一个能让自己感到快乐和幸福的梦想，这样的人生还能算得上成功吗？

【哈佛成长小贴士】

现在的孩子，生活条件都很优越，生活水平不断提高，父母都想给孩子最好的物质生活，总是给孩子买各种各样的东西，比如衣服、玩具、数码产品等等。事实上，如今儿童商品市场的物质化消费，也和父母望子成龙的想法有着密不可分的关系。

父母总想满足孩子的一切物质需求，好像没有满足就不能体现自己的关爱一样。还有一些父母会认为，孩子的物质需求没有得到满足，就没办法好好成长，甚至是输在了起跑线上。可是，父母们可能没有认真想过，孩子得到了物质上的满足，是否就真的获得了快乐。

也许，孩子会因为物质生活的优越而出现攀比心理。有的孩子还会因为享受物质生活，而忽略了大自然的乐趣，以及那份童年的单纯。对于成长中的孩子来说，快乐并不一定建立在物质基础之上，其实生活与学习中的点滴，都能让他们感受到真正的快乐。

快乐与物质的多少并没有绝对的关系，想让自己活得快乐无忧，就要从充实自己开始，努力学习，实现梦想。

【趣味小测试】

你的物质欲望有多强？

植树节，学校里发了一株小树苗，在许多同学的努力下，小树苗被种好了。小树苗一天天长大，你觉得未来的小树苗会长成什么样子？

A. 树上结满了果实。

B. 树上开满了美丽的花朵。

C. 已经枯死了。

D. 只是一棵普通的树而已。

答案分析：

选择 A：你的物质欲望强烈，是典型的现实主义者。你认为如果无法马上看到利益的话，那么努力就会是一件极其无聊的事。你的这种个性在财产的累积上也显露无遗，没有长远计划，而只顾谋取眼前的利益。

选择 B：你的物质欲望不太强烈，也不贪婪，对自己的财产多少不太关心。

选择 C：你都是凭直觉行动，从不理会别人的意见，所有的事情都是独断专行。你有很强烈的金钱欲望，喜欢追求不切实际的虚幻梦想。

选择 D：你的平衡感相当好，即使心里非常喜欢一件东西，还是会先衡量一下自己的能力，量力而为，决不做冒险和没有把握的事。

每天送给自己一个希望

2009 年 1 月 20 日，奥巴马成为美国的第 44 任总统，他也是毕业于哈佛大学的第 8 位总统。作为非裔美国人，以及一个贫寒之家的孩子，奥巴马是凭什么成为美国总统的呢？

奥巴马在小时候就有一个远大的梦想，他说："我将来要成为总统。"这个梦想放在奥巴马的心上，每天都能给他无穷的动力和希望。这也许就是奥巴马获得最后成功的关键吧！

每天送给自己一个希望，不管这个希望是大是小，都要满怀信心地去实现它，让自己不断获得快乐，放弃烦恼。每天给自己一个希望，这样生活才会充满阳光，生命才会更加充盈。因为有了希望，你将活得生机勃勃、激情澎湃，根本没有时间去叹息和烦恼。

有一位著名的医生，他被检查出患上了绝症，生命最多只剩下半年了。

可是两年过去了，他还活得好好的。医生向朋友讲述自己的经历时，朋友很好奇地问："是什么原因让你的病情有了好转，并且快乐地活到现在呢？"

医生回答说："说实话，在刚查出病情时，我确实悲观绝望了好一段时间。后来我渐渐明白过来，既然我们无法控制生命的长度，那么就控制生活的宽

度吧！于是我开始每天对着镜子给自己一个希望，希望自己能够多救治一些病人，希望自己的家人能够健康幸福，也希望自己的生命更长久一些……"

事实证明，医生给自己的希望不仅延长了他的生命，也让他获得了更多的快乐。

一个人的生活是有限的，可是希望和快乐是无限的，只要能够每天给自己一个希望，就一定能够拥有一个丰富而多彩的人生！

【哈佛成长小贴士】

在漫长的成长道路上，孩子总会遇到各种困难，甚至是苦难的打击。面对这些打击的时候，最需要做的就是微笑地面对生活，不要让希望在自己的心中熄灭。

每天都送给自己一个希望，因为成长的过程并不那么容易，痛苦或快乐都取决于你的内心。再多的困难，也要一个个跨过；再苦的逆境，也要一点点地走出来。

每天给自己一个希望，就是给自己一个目标，给自己一份信心，给自己一点激发生命激情的催化剂，给自己的人生一个美好的支撑点。每天给自己一个希望，试着不为明天烦恼，不为昨天叹息，只为今天更美好；试着用希望迎接朝霞，用笑声送走余晖，用快乐涂满每个夜晚。那么，你的每一天将会生活得更充实，也将活得更潇洒。

童年是有限的，只要每天给自己一个希望，就能拥有一个丰富多彩的人生，成长为一个精彩的自己。如果你是一个快乐的孩子，就一定懂得希望的力量。所以，请不要抛开生活中的一切美好，当困难与挫折降临时，要学会微笑面对，学会对自己说："这一切都会过去的，只要每天给自己一个希望，梦想终会成真！"

【趣味小试题】

有两个大小和重量都相同的空心球,但是,这两个球的构成材质是不同的,

一个是金质的，一个是铅质的。这两个球的表面涂了一模一样的油漆，在外观上看不出不同来。要求在不破坏表面油漆的前提下，用简易方法指出哪个球是金质的，哪个球是铅质的。你能分辨出来吗？

答案：

用一样大的力量在地上旋转两球，由于两球重心到内壁中心的距离不同，所以旋转速度也就不同，旋转速度快的是金球。

心情也能改变世界

不知道你有没有这样的感觉：当你心情愉悦的时候，做什么事情都感觉很顺利，总是信心满满，对未来充满希望；当你心情烦闷的时候，总是感觉不顺心，总是自卑退缩。其实在有的时候，你的心情能够改变很多东西。

有一个人，在干燥酷热的沙漠中遇到了沙尘暴，除了一个苹果，他所有的东西都丢了，他沮丧地说："真是太倒霉了，我现在一无所有，这个小苹果吃完了还是会渴死的，既然这样还不如现在死了。"说完他就倒了下去，再也没有醒过来。

还有一个人，他也同样在沙漠中遇到了沙尘暴，也只剩下一个苹果握在手中，不过他却告诉自己："至少我还有一个苹果，还不会马上被渴死，我还有希望。"他不断努力，最终走出了沙漠。那个苹果已经干枯了，他还像宝贝一样握在手里，因为它给了他力量和希望。

两个人面对同样的环境，同样的遭遇，却有不同的心态，因此有了不同的结果。每个人都有不开心的时候，关键在于如何调整自己，让自己变得快乐起来。

有一个男孩，他小时候很不快乐，因为他的牙齿暴露突出，看起来十分丑陋。在学校里，他几乎不和同学们说话，不参加任何游戏，老师叫他回答问题，他也总是低下头一言不发。

有一年春天，男孩的父亲从镇上买回几棵树苗，叫来孩子们，让他们每人栽下一棵树，谁栽下的树苗长得最好，圣诞节的时候就会送给他一份最好的礼物。

男孩也栽下了自己的树苗，可是看到兄妹们都活蹦乱跳地提水浇树，他突然感到很绝望，并且希望自己那棵树苗快点死去才好。所以，他只给小树苗浇过一次水，就再也不搭理它了。几天以后，男孩再去看他种的那棵树时，惊奇地发现它不仅没有枯萎，而且还长出了几片新叶子，与兄妹们种的树相比，显得更嫩绿、更有生气。

圣诞节的时候，父亲兑现了自己的承诺，送给小男孩一份他最喜欢的礼物，并且微笑着对他说："那棵小树苗能够在你手中长得这样茂盛，我想以后你一定能够成为一位出色的植物学家。"

从此以后，男孩变得乐观向上，脸上有了快乐和幸福的笑容。

一天晚上，男孩翻来覆去睡不着，想起生物老师说过："植物的生长都是在晚上进行的。"于是他走到窗前，想看一看自己种的那棵小树。透过窗户，男孩却看到了父亲正在给那棵小树浇水呢！

男孩终于明白过来，原来自己的小树能够苗壮生长，都是因为父亲在默默地给小树浇水施肥。这一刻，他的心里暖暖的，突然觉得自己是一个幸福的孩子。

好多年之后，这个男孩并没有成为一名植物学家，可是他却成为哈佛学子，并且成为美国总统。他的名字叫富兰克林·罗斯福。

当你怀着美好的心情去生活、学习和工作的时候，世界也会因为你而发生改变的。

【哈佛成长小贴士】

在生活中一些快乐的人总喜欢说的一句话就是："太好了！"这句话让我们体会到一种积极快乐的心态。

如果一个人能够从积极的角度去看待问题，那么内心就会充满愉悦，人也会更加积极主动地去做事，获得成功的几率也就更高；相反，如果一个人总是悲观，消极地对待周围的事物，那么做事情的时候也会犹豫怠惰，最终影响到自己的生活。事实上，快乐并不是别人给予的，而是来自于自己的内心感受。如果能够从情绪上调节自己的内心，改变心情，也就能够改变身边的很多事，甚至改变你的整个世界。

可是，当你的心情不快乐时，又应该如何去让自己获得快乐呢？

学会接受生活的真相

或许你会觉得生活中有很多不完美的地方，包括你自己都不够完美，可是这并不能成为你不快乐的理由。你应该学会接受生活的真相，无论好的还是坏的，只有先接受，然后去改变和创造。

不要被天气影响心情

有的孩子会被天气影响到心情，当天气阴暗的时候，心情也变得沉重起来，甚至出现烦躁易怒的情况。在天气好转，阳光明媚的日子里，心情又变得快乐和惬意。要学会控制自己的情绪，不要因为这些外在因素而失去内心的快乐，就算下雨天不也很美吗？

学会适应生活

比尔·盖茨说："生活不是公平的，你要去适应它。"虽然每个人出身不同，家境不同，受教育的环境不同，可是获取快乐的方式却是一样的。因此，你要学会去适应生活，获取快乐。

【趣味小试题】

一根木头截 6 段，每截一段需要 3 分钟，共需多少分钟？

答案：
截 6 段需要截 5 次，需要用 15 分钟。

第七章

自认的弱点是忽略的特长

生活就像一面镜子，有的人在镜子里看到自己的优势和长处，有的人却在镜子里看到自己的劣势和短处。那些总是不被自己认可的人，通常只看到自身的不足，而忽略了自身的特长。对此，哈佛教授时常告诉学生们："如果你想完善自我，就不要只看到自身的不足，要依靠自己的力量去战胜自卑！"

勇敢走出自卑的泥潭

在课堂上，我们经常能够看到这样的现象：有的学生总是抬头挺胸，认真笃定；有的学生却缩着脖子，好像满心恐惧的样子。其实，这就是自信与自卑的不同表现。

在生活中，我们有时会看到一些自卑的孩子，他们处处谨慎、懦弱，往往过于在乎外界的评价，也很容易因为外界的评价而否定自己。

一个牧羊人家里养了四只小白羊和一只小黑羊。

三只小白羊长着雪白的皮毛，远远看去就像白色的云朵一样。它们经常嘲笑小黑羊说："你长得太难看了，黑不溜秋的！"或者说："你太黑了，就和煤炭差不多！"

不仅小白羊们看不起小黑羊，连牧羊人也很嫌弃它，每天都给它吃最差的草料，还经常用鞭子抽它。小黑羊总觉得自己比不上小白羊们，心中充满自卑。

初春的时候，小黑羊和小白羊们一起外出找草吃。它们走了很远，从一个山坡到另一个山坡。谁知突然遇到了寒流，天空下起了鹅毛大雪，没过多久，周围都被厚厚的积雪覆盖了。它们想回家，可是雪太厚了，根本无法行走。

它们只能相互依偎在一起，等待牧羊人的救援。

牧羊人发现下大雪了，而五只小羊都没有在羊圈里，于是便到山上寻找。可是，四周都是白茫茫的一片，根本找不到小羊的影子。突然，牧羊人发现远处有一个小黑点，他走了过去，果然找到了快要冻死的五只小羊。

牧羊人一把抱起小黑羊，十分感慨地说："多亏了小黑羊啊！不然我找不到你们，你们都要被冻死在雪地里了。"

从此，小黑羊变成了牧羊人的新宠，小白羊们也不再嘲笑它了。小黑羊渐渐走出了自卑的泥潭，变得自信起来。

我们可以想一想，一个人如果自己都不认可自己，又如何得到别人的认可呢？如果一个人陷在自卑的泥沼里，他能够用千万种理由来否定和贬低自己，比如个子不高、皮肤不白、眼睛不大、学历不高、家境不好等。当一个人被自卑所束缚，在学习和生活中，就会表现得没精打采、自我封闭。

如果心里充满自卑，不仅会在精神方面表现出迷茫、拘谨和懦弱等缺陷，在实际行动方面也会因为患得患失、裹足不前而失去很多重要的机会。

【哈佛成长小贴士】

自卑是每个孩子都会产生的心理状态，关键在于有的孩子一直沉溺在自卑中无法自拔，有的孩子却能战胜自卑，让自己越来越自信。哈佛学子就是自信者的典范，他们懂得如何克服困难，如何超越自卑，如何调节自己的心理承受能力，从而让自己更容易获得成功。你知道哈佛学子都是如何做到这一切的吗？

认识法

你必须更加全面、公正、客观地认识自己以及周围的事物，认识到人在不断追求完善与完美，可是却没有真正完美的人。所以，对自己的缺点与不足，也要学会接受与完善，这样才能消除内心的自卑感。

转移法

通过把自己的兴趣爱好、时间和精力，都转向自己所擅长的课程和业余活动上，可以减少自卑心理的影响，从而建立自己的自信心。

行动法

可以把自己想做的事情都去做一遍，让想法变成现实的行动，这样便会收获一份喜悦。然后再次行动起来，再次完成。你的自卑感就会在行动中得到消除了。

分析法

通过分析来了解自卑的原因，从而对症下药，解决自卑的问题。

学会正视他人

不敢正视别人，就意味着在别人面前你会感到很自卑，好像自己不如别人。当你正视别人的时候，也在表明自己的立场——我很诚实，我很自信，我想赢得你的信任，等。

当众发言

一个敢于积极发言的孩子，自然不会感到自卑。所以你要做第一个打破沉默的人，不要担心自己会显得很愚蠢，因为总会有人同意你的观点。

【趣味小试题】

有五个人去买苹果，他们买的苹果数分别是 A，B，C，D，E，已知 A 是 B 的 3 倍，是 C 的 4 倍，是 D 的 5 倍，是 E 的 6 倍，则 A + B + C + D + E 最小为多少？

答案：

由已知 A = 3B = 4C = 5D = 6E，ABCDE 都是整数，所以 A 要能被 3、4、5、6 整除，于是 A 最小为 3 × 4 × 5 = 60，A = 60，B = 20，C = 15，D = 12，E = 10，A + B + C + D + E = 117。

自我设限，让你停滞不前

曾经有人做过一项特别的实验。

实验者在同一个水池中放入一条凶猛的鲨鱼，又放入一群热带鱼，接着用强化玻璃将它们隔开。刚开始的时候，鲨鱼不断冲撞那块它根本就看不到的玻璃，但是它无法游到对面去。实验者每天会把一些鲫鱼放入池中，因此鲨鱼从来不缺少猎物，但它还是想到对面去品尝那些美味。

鲨鱼每天都会撞击那块玻璃，每个地方它都尝试过了，每次都全力以赴地撞击，有时甚至撞得头破血流。这样持续了一段时间，每当玻璃出现一点裂痕时，实验者就会把玻璃加厚一层。后来鲨鱼不再去撞击那块玻璃了，不再将那些美丽的热带鱼放在心上，好像它们是壁画一样。鲨鱼将目标转向了每天都会出现的鲫鱼，它用自己敏捷的本能去捕获它们，好像它在海中不可一世的霸气又回来了。

实验到了最后，实验人员取走了那块玻璃。但是鲨鱼仍然每天在固定的区域里游动，对那些热带鱼视而不见，就算它们游到它的身边，它也不会去追逐。人们觉得，鲨鱼太笨了，都不知道看情况采取行动。

实验者却说："这是由于鲨鱼屡屡受挫，在心理上形成了一种自我设限，

它们以为之前做不到的事情，就永远做不到了。"

自我设限是很多孩子都出现过的问题。由于多次失败的经历，孩子的心里会出现一堵"墙"，这道"墙"会阻碍孩子的成长，让孩子忽略自身的能力，在拼搏前就放弃了努力。

【哈佛成长小贴士】

每个孩子都有自己的弱点，同时也会有自己的长处，虽然你总希望自己是一个十全十美的人，可是现实却会告诉你，这是不可能的。当发现自己的弱点时，有人会想办法去弥补，有人却会"自我设限"，让自己陷入恶性循环中。

其实，我们身边总会有这样的孩子，他们做作业的时候总是粗心大意，结果他们认为自己就是粗心大意的人，在功课或生活上也总是很"自然"地犯粗心大意的毛病。再比如，有的孩子理科不好，就认为自己智商低、思维能力较差等，结果越来越学不好。其实出现这些问题，都是因为在内心给自己设定了一个高度，认为自己真的"不行""做不了""做不到"，这就是所谓的自我设限。

哈佛心理学教授也指出，在一个孩子的成长过程中，特别是幼年时代，很容易受到外界的影响，比如父母、老师的批评与打击，而失去奋发向上的精神，并且"自我设限"，从而走向失败和颓废。正因如此，你才不能轻易地给自己贴上某些"标签"，不能认为自己"不行"或者"做不到"。很多时候你的潜能只是没有被激发出来而已。

你不能在"自我设限"的圈子里一直打转，这样只会让你的想法和行动受到束缚，让自己永远无法走出困局。如果你期望自己能够有所突破，有所进步，就应该相信自己，勇敢地行动起来。

【趣味小试题】

有一个很规则的立方体器皿，里面装了一些水。一个人说："器皿里的水超过一半。"另一个人说："器皿里的水不到一半。"如果不把水倒出来，

你怎么做才能知道水有没有一半呢?

答案:

把这个立方体器皿倾斜一下,使水面刚好到达边缘,看器皿底部的边缘是在水面之上还是在水面之下。

你用什么方式来看待自己

　　现在，请你做一个小小的心理测试：如果你穿着很漂亮走进学校，可是却发现有很多同学都用异样的眼光看着你，这时候你会怎么想？你会不会觉得自己身上有脏东西，或者总在想哪里出了问题？

　　事实上，每个人心里都会有一个问题系统，而人们总是感到矛盾，既向往美好的事物，又在寻找美好事物中的缺点，既渴望完美，又不断制造缺憾。人们总是用问题的眼光看待世界，总是以为只要把问题解决了，世界就会变得美好起来。可事实却并非如此。所以，你必须重视以什么样的方式来看待自己。要留心自己所拥有的，尽量往好的方面看，如此你就会发现，自己比想象中更优秀。

　　戴茜是一位牧师的女儿，她从小就患有脑性麻痹，全身都不能正常活动，而且不能正常说话。不过，戴茜却有非凡的毅力，在美国拿到了艺术博士学位，并且经常帮助其他人。

　　有一次，她受邀去参加一档电视台节目，其中有一个环节是以"写字"回答问题——因为戴茜无法说话，所以只能以笔代口。当时有一个小学生当众问戴茜："你从小就长成这个样子，请问你是怎么看待自己的？有没有怨

149

恨呢？"

这个看似无心却很犀利的问题，让在场的人都捏了一把汗，担心会伤到戴茜的心。戴茜回过头，用粉笔在黑板上吃力地写下了"我怎么看自己"这样一句话。顿时，场上变得鸦雀无声，没有人敢说话。戴茜却笑着看了看大家，然后转身在黑板上继续写：

第一，我很可爱！

第二，我的腿很长，也很美！

第三，爸爸妈妈都那么爱我！

第四，上帝那么爱我！

第五，我会画画，还会写作！

第六，我有一只可爱的猫猫！

第七，还有……

她又静静地看看大家，再回过头去，在黑板上写下了她的结论——我只看我拥有的，不看我没有的。

全场安静了几秒钟以后，响起了热烈的掌声。那天，很多学生因为她的乐观和坚强而受到鼓励。你知道这个乐观的脑性麻痹患者是谁吗？她就是美国加州大学艺术博士，在中国台湾举办过多次画展的黄美廉女士。她的故事广为流传，被人们所称颂。

所以，你是什么样的人，拥有什么样的心态，会取得什么样的成就，完全取决于你以什么样的方式来看待自己。

【哈佛成长小贴士】

你一定有过站在镜子前仔细观察自己的经历。当你看到镜子中的自己，会有怎样的想法呢？你觉得自己的外表完美吗？对自己的相貌、身高、体重感到满意吗？其实，对于自己的评价，也就决定了你会成为什么样的人。

作为成长中的孩子，你应该怎样客观地评价自己呢？

首先，要学会换位思考

换位思考也就是站在别人的位置上来看待自己，以别人的视角看自己身

上存在哪些缺点和优点，然后进行完善和改进，让自己变得更加优秀。

其次，要学会比较

不管你有多优秀，总会有比你更优秀的人，即使是哈佛精英，也不敢保证自己就是最优秀的。所以你要看到自己的不足，看到与别人的差距，同时也要看到自己的优势。

第三，让自己适应不同的环境

孩子也有属于各自的不同的圈子，你必须学会去适应不同的圈子。每个圈子都有不同的环境，你不可能在每个圈子里都优秀，但是也不可能全都垫底。

第四，要善于表现自己

善于表现自己，是为了通过别人的反馈，更好地进行自我评价。表现自己，就是让别人接受、容纳、认可自己，让自己的形象更加深入人心。

【趣味小试题】

三位同学经常去图书馆，甲 2 天去一次；乙 3 天去一次；丙 4 天去一次。一个星期日，他们在图书馆相见。至少再过多少天，他们才能相见。

答案：

12 天。要求出多少天他们才能相见，这个数必须同时是 2、3、4 各数的公倍数，问"至少"要多少天，就是要求出 2、3、4 的最小公倍数。

悲观者与乐观者的对话

有一天，乐观者和悲观者同时来到哲学家的面前。哲学家问："你们认为，什么是希望？"悲观者回答："希望就像地平线，就算看得到，也永远走不到。"乐观者回答："希望就像启明星，总能够告诉我们，前方会有曙光。"

哲学家又问："那么，风是什么呢？"悲观者回答："风是浪的帮凶，能够把人埋葬在大海深处。"乐观者回答："风是帆的好朋友，能够把我们送到胜利的彼岸。"

哲学家继续问："生命是不是花呢？"悲观者回答："就算是又能怎样呢？花开了，败了，也就没有了。"乐观者回答："生命不仅是花，还是甘甜的果实。"

哲学家笑了笑，说："今天就先问这三个问题。明天我再问你们三个问题，然后分别送你们一件礼物！"

第二天，悲观者和乐观者又来到哲学家面前，继续回答问题。

哲学家问："如果让你们一直向前走，会怎么样？"悲观者回答："会走到悬崖，坠入深渊。"乐观者回答："会看到柳暗花明，走上康庄大道！"

哲学家又问："你们觉得春雨好吗？"悲观者回答："不好，因为春雨会让野草疯长。"乐观者回答："好，因为春雨会让百花开得更加鲜艳。"

最后，哲学家问："给你们一片荒山，你们会做什么？"悲观者回答："修

一座坟墓，留给自己安息。"乐观者回答："种满花草树木，让荒山变成花园。"

哲学家笑了，说："那么，我现在就送你们每人一份礼物吧！"

悲观者和乐观者都很期待，抬头望着哲学家。

哲学家对悲观者说："我送给你的礼物是乐观和希望，无论面对多大的困境，它们能够让你拥有勇气和力量！"

哲学家又对乐观者说："我送给你的礼物是反省与谨慎，虽然乐观拥有积极进取的力量，不过也不能掉以轻心，要学会时刻反省，让自己走的每一步都稳稳当当！"

收到哲学家的"礼物"，乐观者和悲观者都笑了。

【哈佛成长小贴士】

乐观是一种性格倾向，能够让人看到事物更有利的一面，同时期待更有利的结果。也许有的人天生就比较乐观，有的人却天生悲观消极。不过，乐观的心态是可以培养的，就算天生并不具备乐观的品质，却能够通过后天努力来实现。

孩子的心理发育十分迅速，对将来的发展与成功意义重大。那么，有什么方法能够让你拥有乐观的心态呢？让我们来看看哈佛教授的建议：

对自己说"我能做到"

乐观的人有一种驾驭生活的能力，能够克服生活中的重重困难，从而摆脱人生中的痛苦。所以，你要经常对自己说"我能做到"，然后树立切合实际的目标，并且清楚怎样做才能实现那个目标，每天至少要有一点点进步。

学会欣赏自己的优点

现代心理学之父威廉·詹姆斯说过："人最大的需要就是被了解与欣赏。"孩子当然也是如此了。如果你能够给予自己更多的了解、欣赏和赞美，就会让自己更加乐观自信，从而拥有乐观积极的心态。

学会自己摆脱困境

每个人都会碰到不称心的事情，即使天性乐观的人也是如此。当你处于困境的时候，要给自己勇气和力量，让自己尽快走出困境。当然，这并不是一件容易的事情，可是坚持能够给你带来乐观的情绪。

教自己说三句话

有一种方法能够让你更加快乐、善良、热情,那就是每天对自己说三句话。第一句:"太好了!"第二句:"我能行!"第三句:"你有困难吗?让我来帮助你。"相信这三句话能够给你带来更多乐观向上的态度。

【趣味小测试】

你是乐观的孩子,还是悲观的孩子?

你和父母去一个美丽的海岛度假。当你住进预订好的房间之后,打开窗户,你觉得自己会看到什么样的景色呢?

A. 远处的大海以及在海边玩耍的游客。

B. 大海中的岛屿。

C. 旅馆的游泳池和人群。

D. 宽敞的阳台,上面种着五颜六色的花草。

答案分析:

选择 A:乐观型。看得到旅馆外的东西,表示你对长远的将来抱有展望,一般说来,这是认为自己的将来很乐观。

选择 B:超级乐观型。可以看到那么远的距离,你的将来是不是很安乐,无忧无虑呢?不过,比起忧郁地沉思,开朗一点更能招来运气。

选择 C:轻微悲观型。旅馆的游泳池之类一般都在窗边,将这种距离感转换为时间的流逝,稍微有点悲观的成分存在。

选择 D:严重悲观型。只看到这么近的东西,实在是非常的悲观!

神秘的 "ABC" 理论

美国临床心理学家阿尔伯特·艾利斯有一个著名的 "ABC 理论"，它的核心观点就是：一个事件最后的结果，并不是取决于事件本身，而是取决于人们对这一事件的看法、理解和态度等。简单地说，就是你做一件事情是否成功，都和你的心态有关！

在任何一所学校里，我们都能够看到这样的现象：

在距离考试还有 20 天的时候，学生们都知道这次考试很重要，大家所掌握的知识也差不多，可是各自的心态却完全不同。一部分学生认为，只剩下 20 天了，还有很多知识点没有掌握，还有很多题没有做，一切都已经来不及了，到了考场上肯定会遇到自己不会的题目；还有一部分同学则认为，时间确实不多了，而且还有很多知识点没有复习，还有很多题目没有做，可是还有整整 20 天呢，如果每天复习 3 个知识点，20 天就能复习 60 个，每天做 10 道不同的题目，20 天就能做 200 道题，可以提高很多呢！

20 天之后，考试如期而至。惶恐不安的同学果然没有考好，这类学生最后得出结论："因为时间不够，我没有复习好，当然就考不好了。"而继续复习的学生，果然考试有了进步，于是他们总结经验："看来 20 天还是能够提高很多啊，多学点就多些进步，完全来得及呢！真不错！"

所以，你必须明白，很多事情本身并没有什么影响力，真正影响你的，是你对这件事情的看法与态度。如果你这次没有考好，并不代表下次也考不好，不管你得到怎样的结果，都取决于你自己的心理。这就是神秘的"ABC 理论"。

【哈佛成长小贴士】

在成长过程中，难免会产生一些消极心理，无论在学习、升学、交友等方面，都会遇到一些难以解决的问题。当消极心理出现，你可能会出现懈怠、烦躁、抑郁等情况。

这时候，你就要学会心理疏导，让自己摆脱消极心理的影响。

利用心理宣泄法来摆脱消极心理

心理学研究表明，当人的心理承受达到或超过一定限度时，就会发生心理变态或精神失常。因此，当你出现不良情绪和消极心态时，就要及时通过心理宣泄达到平衡心态、缓解压力、消除郁懑情绪的结果。

利用情绪转移法来摆脱消极心理

当你陷入消极情绪中不能自拔时，千万不要钻牛角尖，一条路走到黑。可用情绪转移法，暂时将精力和情感转移到其他方面，等心态冷静平和，能够正确面对现实时，再回头整理思绪，寻找原因，制定新的行动方案。

利用自我安慰法来摆脱消极心理

自我安慰法是指人在消极心态下找出各种理由为自己的行为辩解，以使内心得以平衡、精神得以安慰、情绪得以转化的方法。常见的自我安慰方法有比较法和比拟法。比较法是指同比自己境遇更糟或受打击更大的人进行比较。这种方法可以使人产生"比上不足，比下有余"的心理，以缓解消极、抑郁的心态。比拟法是指运用比拟的方式进行自我安慰、平衡心态的一种方法。

利用情感升华法来摆脱消极心理

情感升华是指当人的情感或心理受挫时，设法将消极心理转化为积极心理的过程。平常我们所说的"化悲痛为力量"就是情感升华的结果。因此，当你处在消极心态下时，就需要凭借顽强的意志走出失败的阴影，使情感得到升华。

【趣味小试题】

有 A、B、C、D 四个数，它们分别有以下关系：A、B 之和大于 C、D 之和，A、D 之和大于 B、C 之和，B、D 之和大于 A、C 之和。请问，你可以从这些条件中知道哪个数最小吗？

答案：
C 最小。

你并没有那么差

　　世界上没有绝对完美的事物，因为任何事物都不可能面面俱到，在任何方面都独占鳌头。俗话说："山外有山，天外有天，强中自有强中手。"当人们在某些方面不如别人，或者永远不可能超越别人时，就会产生一种自卑感。

　　在日常生活中，很多人都觉得自己不够好，甚至觉得自己很差，因而出现意志消沉、颓丧，甚至自暴自弃的情况，其实这些都是由于自卑造成的。有的人时常会因为一些小事情而否定自己，对于外界的评价也过分在乎，一旦外界对他评价过低，自卑感便涌上了心头。

　　哈佛大学的心理学教授泰勒·本－沙哈尔是哈佛大学上座率最高的教授之一，他在给学生们讲述如何面对困境时说："每个人必须经历蹒跚学步才能走出如今优美的步伐，同样每个人也要经历无数次失败才能成功。真正的学生领袖必须懂得如何面对失败，如何战胜自己，从而脱离困境的泥沼。"紧接着，他又给学生们讲述了这样一个故事：

　　在人类刚刚诞生的时候，上帝想和人类开一个玩笑，于是他将所有的天使召集起来，并且对他们说："我想把一种叫做'自卑'的东西藏在人类的身上，可是不能让他们知道，那么应该放在什么地方比较好呢？"

天使们议论纷纷，他们给上帝提出了各种建议。有的天使说："把它藏在人类的眼睛里吧！这样不易被发现。"有的天使说："还是藏在耳朵里好，这样更隐秘一些。"还有的天使说："藏在牙缝里比较好，因为很少有人会关心自己的牙缝。"

可是上帝对这些建议都感到不满意。他微笑着摇了摇头，指着一位小天使说："你有什么好的建议呢？"

小天使光着脚来到上帝面前，想了好久才笑着说道："就把'自卑'藏在人类的心里吧！那才是人类最隐秘、最不易被发现的地方。"

上帝这才满意地点了点头，对小天使夸赞有加。

也许每个人的内心深处，都藏着自卑的种子，当它生根发芽、蓬勃生长的时候，你就会渐渐被它所影响了。自卑心理不仅容易让人产生许多负面的情绪，而且会使人的注意力不集中，因此想要获得成功就更难了。同时，由于成功无望，自己又更加自卑起来，这样便让自己永远处于自卑的泥沼中无法自拔，也失去了表现自我的机会。

因此，当你被自卑感所困扰之时，就要学会用积极的态度去铲除它。无论何时都要谨记一句话，那就是："你并没有自己想的那样差！"

【哈佛成长小贴士】

自卑是一种性格缺陷，这种性格缺陷的形成往往源于儿童时代。你觉得自己是一个自卑的人吗？来看看孩子自卑的早期表现有哪些，或许这样你就能够更加了解自己，也容易避免走进自卑的泥沼了。

在公共场合比较胆小

自卑的孩子通常在公共场合不愿意开口说话，更不愿意做一些会引起别人注意的事情。对于比赛一类的事情更是避之不及，虽然心理希望得到别人的肯定，但早在比赛前就已经否定了自己。

对他人产生轻视或嫉妒心理

怀有自卑心理的孩子，觉得自己不如别人，为了减轻心理压力，往往会对他人产生轻视或嫉妒的心理，从而来使自己的心理达到平衡。这样的想法当然是不好的，因此要尽量避免。

不愿意与人交往

内心自卑的孩子往往比较自闭，不愿意主动与人交往，宁愿一个人独来独往。拒绝与他人来往，也是自卑的孩子掩饰自己缺点的一种表现。

没有自己的主见

自卑的孩子往往觉得自己不如别人，即使在与别人意见相左时，也不能很好地坚持自己的观点，或思前想后，犹豫不决，或随大流。

如果你有以上的表现，那么就要做出一定的调整和改变了，因为自卑心理已经开始影响到你的生活与学习。无论如何，你都要看到自己的优势，因为你并没有自己想的那么差。

【趣味小试题】

商店进了一批商品，按 40% 加价出售。在售出八成后，为了尽快销完，决定五折处理剩余商品。在商品全部出售后，突然被征收了 150 元的附加税，这使得商店的实际利润率只是预期利润率的一半。那么这批商品的进价是多少元？（注：附加税算作成本。）

答案：
这批商品的进价是 3000 元。

第八章

坚定的自信是响亮的喝彩

每个孩子的心中都隐伏着一头"雄狮",它是一种信念、一种态度,也是一种力量。当你为了梦想而努力奔跑时,它会让你更加坚定自己的方向;当你遇到困难想要放弃时,它会给你继续坚持的勇气。你知道它是什么吗?它就是你的自信心。

拾起你的"自信罐"

黛米是一位很普通的妇女,她在接连生了三个孩子之后,整天都烦躁不安。4岁的孩子整天吵闹不休,1岁半的孩子一直哭叫,还有一个小宝宝需要不断喂奶……

很长一段日子里,黛米的精神都快要崩溃了。她没办法正视自己,也没办法正视周围的世界。她甚至开始怀疑自己,是不是天生就是"低能"——如果连几个孩子都带不好,又做得了什么事情呢?

这时候,一位叫海伦的朋友,从远方给她寄来了一份礼物。她打开一看,原来是一个装饰精美的罐子,上面还贴着一个标签,标签上写着一句话:"黛米的自信罐,需要时再启用!"

黛米打开了这个罐子,发现里面装了几十个用白色小纸条卷成的小纸筒,每个小纸条上都写着海伦送给黛米的一句话。黛米有点儿期待地一个个打开,只见上面分别写着:

上帝微笑着送给我一份宝贵的礼物,她的名字叫"黛米";

我喜欢你的笑容,就像早晨落下的第一缕晨光;

我欣赏你的平凡和简单,一切都那么真实而美好;

我欣赏你的执着与热情,永远都满怀着希望;

你有宽广的胸怀和美丽的蓝色眼睛、金色的长发；

我希望能够住在离你 100 英尺远的地方；

你很好客，总是热情周到地接待所有人；

你是我最想陪伴着一起在超市里逛上一整天的人；

你做什么事情都那么细心，这是我一直想要学习的地方；

你真的能够做好你想做的任何事情；

亲爱的，我想给你提两点建议：第一，当你完成一件自己想干的事情，或者得到别人的称赞与肯定的时候，就写一张小纸条放在这个罐子里；第二，当你遇到困难和挫折，或者有点儿灰心的时候，就从这个小罐子里拿出一张纸条看看……

读到这里，黛米被深深地感动了，她第一次觉得自己是如此幸福，被朋友珍爱与关心着。其实自己还是很棒的，只要战胜这些小小的困难，就能够拥有美好而平静的生活。

从那以后，黛米就将这个"自信罐"摆在最醒目的地方，只要遇到压力和困难，她就会忍不住伸手去摸一摸。15 年的时间过去了，黛米已经成为一所幼儿园的园长，很多家长都愿意把孩子送到黛米的幼儿园，因为黛米的自信激发了孩子们的自信，每一个来到这里的孩子都会收到一个由黛米赠送的"自信罐"。

在成长的道路上，自信是孩子应该拥有的最重要的品质之一。有了自信，才能树立宏远的目标，才能不断获取知识与经验。如果缺少自信，对于失败的恐惧感就会凭空存在，它就像潜伏在黑暗中的恶魔一样，在你信心动摇的时候出来捣乱。

哈佛学子也很清楚这个道理，他们知道如何给自己树立目标，并且利用知识和经验来武装自己，让缺少自信的恐惧感离自己远去。

【哈佛成长小贴士】

毫无疑问，自信心对于孩子的成长是至关重要的。关于自信心的重要性，哈佛大学的奥格·曼狄诺这样说："一个人想要获得成功，必须具备的品质有很多种，其中最重要的就是自信心。"如何才能做到这一点呢？奥格·曼狄诺给孩子的建议是：

首先，要有勇气改变自己的命运

每个人的出生无法由自己决定，可是每个人的命运都紧握在自己手中，想要获得成功，就要有勇气去改变自己命运。

其次，要懂得如何发掘自身的财富

有一句话说得很好："一个人因为少了一双鞋子而闷闷不乐，那是因为他没有看见那些少了两条腿的人。"所以，发现你自己的财富，就能拥有更大的信心。

最后，从自身的优势出发，去追求自己的目标

世界不会一直停留在严寒的冬季，一个人也不会永远生活在失败的阴影下。只要你懂得从自己的优势出发，并且努力坚持自己的目标，那么自信与成功将结伴来到你身边。

【趣味小试题】

有一个水池，池底有泉水不断涌出，用 10 部抽水机 20 小时可以把水抽干，用 15 部同样的抽水机，10 小时可以把水抽干。那么，用 25 部这样的抽水机多少小时可以把水抽干？

答案：
用 25 部这样的抽水机 5 小时可以把水抽干。

自信是摘取成功硕果的手杖

在哈佛，老师为了激发学生的潜能，时常会给他们提供展示自我的机会。也就是说，每位学生都有机会拥有自己的舞台，认清并发挥自己的能力。

这些学生都明白学习不是一件容易的事情，除了让自己更加勤奋努力之外，还必须让自己拥有足够的自信心，要相信自己的才能和天赋，并且为此付出更多的时间和精力。

几年以前，马尔斯过着最普通、最平淡的生活。不过，他觉得不满足，于是通过自己的努力让自己拥有了更多。现在的马尔斯生活在一栋豪华的别墅里，过上了安逸的生活。

朋友问马尔斯："你是怎么做到这一切的？"

马尔斯回答说："这一切的发生，都是因为我利用了信念的力量。五年之前，我听说在底特律有一个经营家具的工作。我决定试一下，希望能够多赚到一点钱，于是便前往底特律。到底特律的时间是星期天的早晨，不过去公司面试得等到星期一。于是，我在一家旅馆里住了下来。吃过晚饭之后，我开始思考，突然觉得自己很可憎，为什么要过得如此普通而平淡呢？为什么失败总是喜欢光顾我？为什么我不能像我的朋友那样成功？"

马尔斯找来一张信笺，在上面写下几个获得成功的朋友的名字，他发现他们的智慧、教育、个人习惯也并没有太大的优势。终于，马尔斯找到了另一个成功的原因，那就是自信。马尔斯不得不承认，他的朋友们在这一点上要比他好很多。

终于，马尔斯找到了自己的不足之处：他还不够自信！

星期一面试的日子到了，马尔斯尽量让自己变得自信起来，他想以这次面试来作为对自信心的第一次考验。原本，马尔斯希望自己有勇气提出比原来高出750美元甚至1000美元的薪酬要求，不过经过这次自我反省，他认识到了自己的价值，也更有自信心，于是他把自己的目标提高了3500美元。没想到，强烈的自信心让马尔斯获得了面试的成功，也激励着他不断努力，不断提高自己。

从那以后，马尔斯努力工作，努力积累经验，然后开始创业。没几年的时间，马尔斯就拥有了千万资产，变成了一位名副其实的富翁。

高尔基曾经说过一句话："一个满怀自信的人，无论生活在什么地方，都能清楚地认识自己的意志和能力！"自信对于每一个人来说，都拥有无法估计的力量。无论是在学习，还是在生活与工作中，自信都占有举足轻重的位置。那些成功的人士，总是不断地提高对自己的要求，将"不可能"变成现实，在失败的时候遇见希望。

【哈佛成长小贴士】

你觉得自己是一个自信的孩子吗？对于不同的孩子来说，缺乏自信心的表现也不一样，所以你要学会反省自己，看自己够不够自信。

不自信的原因也有很多种，只有找准原因、对症下药，才能帮助自己找回自信。那么孩子不自信的原因主要有哪些呢？

过分依赖

有的孩子明明可以独立完成一件事情，却偏偏不愿意自己完成，想要依靠周围的人来做。这类孩子往往担心自己做得不好，对自己不相信，认为爸爸妈妈帮忙肯定会比自己做强，习惯了父母为自己做好一切。如果你也有这

样的情况，就要学会相信自己，不要依赖他人。

过于听话

每个人都喜欢听话的"好孩子"，不喜欢那些顽劣不听话的孩子。不过，心理学家认为，孩子在言行方面略有越轨，对他们的身心成长有益。因为那些对家长言听计从的孩子，通常低估了自我价值，自信心比较弱，对环境和生活中发生的事怀有恐惧。他们把良好的行为作为自我保护的手段，因为他们所犯的错误越少，所谓的"风险"也就越小。因而在人格成长方面，他们缺乏进取独立的能力。如果你是这样的孩子，就要保持自己的独立自主性，你可以很"听话"，但是不能失去自己的主见和思想。

害怕失败

很多孩子不自信，都是因为害怕失败，害怕自己做得不够好。如果做同一件事情的时候落于人后，心里就会很焦虑，好像所有人都在关注自己的成败。其实，把心态放平和一些，努力去做了，就算失败也无所谓。或许，当你放开手脚努力奋斗之时，自信心也跟着回来了。

【趣味小测试】

从穿着来看，你是自信的人吗？

又到一年换季的时候，你把自己的衣橱打开，发现里面的衣服简直太多了。整理了好一会儿，你发现自己什么款式的衣服最多呢？

A. 时下最流行的衣服。

B. 颜色鲜艳或是样式夸张华丽的服饰。

C. 宽大的衬衫或 T 恤。

D. 款式简单的服饰。

答案分析：

选择 A：你属于那种外表自信，可是内心却很自卑的孩子。你很担心别人看出你的心虚，于是总在掩饰和惶恐不安中。

选择 B：虽然你看起来有旺盛的表现欲望，可是事实却不然，这样的包装，只是你用来掩饰内心不安的武器。其实你是有点神经质的孩子，一点事就可

能有过当的反应出现，所以在外表上，你必须装得毫不在乎，这样才能让你有安全感！

　　选择 C：表面上看起来你是一个很好说话的孩子，其实最最固执的人就是你了，一旦发起牛脾气来，任谁也拗不过你。害羞、冷漠是你用来掩饰害怕和人群接触的自然反应！

　　选择 D：你是一个很有自信的孩子，能够坚持自己的想法，做自己觉得正确的事情。很多人都以为你刚愎自用，可事实上你很能够听取别人的意见和建议。

你的心中也隐伏着一头雄狮

　　国外有一句谚语："每个人的心中都隐伏着一头雄狮！"这句谚语也经常被哈佛教授引用来教育学生。只要一个人能够充分相信自己的力量，能够充分发挥自身的潜能，那么就能够有大作为。这就是自信心的力量。

　　自信心是一个人成功的基础，也是孩子成长的内在驱动力。它能够让弱者变强，让畏缩退步变成勇往直前。一个人只要拥有了自信心，就能够在成长的道路上健步如飞，而缺乏自信的人只会步履蹒跚。正如美国作家爱默生所说："自信是成功的第一秘诀，自信是英雄主义的本质。"对于孩子来说，自信心能够激发内心的勇气与雄心，也是 孩子迈向成功的第一步。

　　20 世纪 30 年代，在英国的一座普通小城里，一个叫玛格丽特的小女孩出生了。

　　从小到大，玛格丽特的父亲都对她非常严格，并且经常对她说："不管做什么事情，都要努力做到最好，要永远走在别人前面，不能落于人后。就算是坐公共汽车，你也必须坐在最前排！"父亲从来不允许玛格丽特说"我不行"或者"做不到"之类的话。

　　虽然父亲这样的教育方式有点儿"残酷"，不过却培养出了玛格丽特的自信心与积极向上的进取心。玛格丽特在成长过程中，总是牢记父亲的教导，并且渐渐树立起强大的自信心以及必胜的信念，努力去克服自己遇到的一切困难，把每一件事情都做好。无论什么事情，玛格丽特都力争一流，以自己的行为来践行"永远坐在前排"的誓言。

在大学的时候，玛格丽特所在的学校要求学生必须学习五年的拉丁文课程，她凭借着自己的顽强毅力和拼搏精神，只用了一年的时间便学完了，而且在之后的考试中，她的成绩还很优异。玛格丽特不仅学习成绩优异，在体育、演讲、音乐等方面都表现突出。在玛格丽特毕业之后，这位大学的校长还经常会说："她是我们学校建校以来最优秀的学生，她总是自信满满，每件事情都做得很出色！"

正是由于这种"永争第一"的精神，才使得玛格丽特不断奋进。40 多年以后，玛格丽特成为了英国甚至欧洲政坛上一颗耀眼的明星。连续 4 年的时间，玛格丽特都被选为保守党领袖。她在 1979 年成为英国历史上第一位女首相，雄踞政坛长达 11 年之久，被世界政坛誉为"铁娘子"。她就是玛格丽特·撒切尔夫人。

"永争第一"是一种积极的态度，也是一种强大的自信。它能够帮助你成长，让你有勇气和力量去实现自己的远大梦想。当有了自信与力量之后，你心中的雄狮也将苏醒。

【哈佛成长小贴士】

所有杰出的成功者都有同一个特点，那就是不甘平庸，勇争第一。这种自信心，来源于先天，也来源于后天的培养。你必须从小就树立"勇争第一"的思想，让自己心中的自信像雄狮一样怒吼！

有的孩子天生就很胆小怕事，不喜欢参加群体活动，也不愿意参加竞争，这就需要激发自身的竞争意识，训练自身勇争第一的精神。竞争的力量会让你发挥出巨大的潜能，创造出惊人的成绩。如果不参与竞争，就很难开发潜能，也很难树立自信心。

当你拥有"勇争第一"的竞争意识之后，就会更加努力、更加积极地做事，

从而拥有奋发自强、不甘落后的心理，这也是竞争行为发生的前提。要知道，现代社会是一个充满竞争的社会，有竞争才会有进步，有发展，对个人、集体、国家都是如此，如果不具备竞争意识和竞争能力，就很难在社会上立足。

正如哈佛教授所说："在美国，每一个人都喜欢争坐第一排。因为他们认为坐第一排才能亮出自己，才能更引人注目。只有引人注目，才有机会被人赏识。在这个人才辈出的社会里，只有坐在第一排，才有可能出人头地！如果你想取得成功，做出一点成就来，那么就得亮出你自己。而亮出自己的最好办法就是，不管在什么时候，都永远坐在第一排。坐第一排，就是争第一；坐第一排，就是给自己信心。"

【趣味小试题】

一架飞机飞行在两个城市之间，飞机的速度是每小时 576 千米，风速为每小时 24 千米，飞机逆风飞行 3 小时到达，顺风飞回需要几小时？

答案：
飞机顺风飞回需要 2.76 个小时。

找到属于自己的自信"音符"

你知道吗？哈佛大学曾经走出过 30 位普利策奖得主。普利策奖是美国新闻界的最高奖项，而普利策是一个人的名字，他的故事也能说明经营长处的重要性。

普利策在 21 岁的时候进入新闻行业工作，他创办的《快邮报》是美国报业利润最高的报纸之一。

很少有人知道，在 21 岁之前，普利策仅仅是一个退伍兵，每天都干着粗重的体力活，勉强能够养活自己。甚至有一次，普利策去应聘推销员的工作，却和几位朋友一起被骗到了一座孤岛之上，险些丧命。

中介所骗走了他们的钱，然后便消失得无影无踪了。普利策十分气愤，脱险后便撰写了一篇文章，专门揭露那些欺骗应聘者的中介机构。普利策没有想到，自己的文章竟然被《西方邮报》刊载了。普利策也因此发现了自己的长处，他觉得自己十分适合从事新闻类工作。

不久之后，普利策去一家报社工作，从一名文件管理员到一名记者，他开始经营自己的长处，并且在新闻事业上平步青云，最终成为了新闻界的泰斗人物。

富兰克林告诉我们："宝贝放错了地方，就会变成废物！"那些成功人士之所以能够取得别人无法企及的成就，就是因为他们找到了属于自己的自信"音符"，懂得发现并经营自己的长处，能够让自己的长处得到发挥。

孩子的成长过程就像一首动听的乐曲，如果你没有找到属于自己的"音符"，没有坚定的自信心，忽略了自己的长处而只看到自己的短处，或者用短处来经营自己的人生，那么最后只会陷在失败的旋涡中无法自拔。

所以，哈佛学子用他们的成功经历告诉孩子们，要学会经营自己的长处，哪怕自己所擅长的事情并不能得到大众的认可，也能够成为你人生中的一笔巨大财富。

【哈佛成长小贴士】

每个人都拥有自己的优势以及劣势，而且一个人的优势与劣势并不是恒定的。如果你一直将自己的重心放在劣势上，不断给自己增加压力，那么自己身上的优势也会变成劣势的；如果你不断进取，敢于正视自己的劣势，最终能够将劣势转化成自己的优势，从而获得人生的成功。

有这样一个故事：三个旅行者结伴而行，其中一人拿着拐杖，一人拿着雨伞，另一人则两手空空。三人在经过一场长途跋涉之后，那个拿拐杖的人跌得全身是伤，那个拿雨伞的全身都湿透了，只有那个两手空空的安然无恙。那两人十分不解，询问原因。两手空空的人回答说："我没有跌倒也没被雨水淋湿，是因为在崎岖的路上我走得特别小心，在大雨前我迅速躲到可以避雨的山洞中。而你们只是由于没有利用好自己的优势罢了。"

事实上，不管什么事情，如果只看重外在的因素，而不从自身出发，那么古今中外就不会有那么多克服自身劣势的故事了。对于成长中的孩子来说，最重要的事情就是如何发挥自己的优势，避开自己的劣势，或者将劣势变成优势。具体应该怎样做？或许哈佛教授的这句话能够给你一定的启发："如果一个人失去痛苦，那么就只留下卑微的幸福。我们要做的就是利用自己的优势去弥补自己的劣势。即使你处于劣势之中，也要努力奋斗，努力拼搏，将劣势转化成优势，从而创造出一片崭新的天地，让生命之茧化蛹成蝶！"

总之，你要做的就是努力发挥自己的优势。只有找到属于自己的自信"音符"，才能演奏出最美妙的人生乐章！

【趣味小试题】

有一天，带有数字 3 的电话号码忽然紧俏起来。一家营业厅拿出来 300 个号码，从 1 号到 300 号，片刻间所有带 3 的号码都被一抢而光，不带 3 的号码谁也不要。那么，你知道剩下的号码还有多少个吗？

答案：

242 个。

多一分自信，多十分成功

对于孩子来说，通往成功、战胜困难的最大动力，就是自信心。自信心，就像是成长的助燃剂一样，如果自信多一分，那么成功就会多十分。

拿破仑·希尔说："有方向感的自信心，让我们每一个意念都充满力量。当你有强大的自信心去推动你的致富巨轮时，你就可以平步青云了。"

1842 年，著名的文学家爱默生在百老汇的一家图书馆里发表了一次慷慨激昂的讲演。

当时，作为一名普通听众的惠特曼，还是一个名不见经传的小人物。

爱默生激动地讲道："是谁断言我们美国不可能拥有自己的伟大诗篇？我们的大诗人、大文豪，不就在这里吗？"

当惠特曼听到这番话的时候，全身都热血沸腾了。当时他就下了决心，要了解社会各个阶层的生活，倾听每一个人的声音，写出拥有自己风格的诗歌。

1854 年，一本《草叶集》轰动了美国及整个欧洲，它以奔放豪迈的风格，完全打破了传统的格律，并且用崭新的表达形式诉说了社会底层对于压迫者的强烈抗议。这本诗集完全写出了与众不同的风格，人们也记住了诗集的作者——惠特曼。

《草叶集》一经出版便得到了专家的强烈认可，当时远在康科德的爱默生激动地说："我们期待已久的美国诗人终于诞生了！"

在爱默生的极力推崇下，惠特曼的《草叶集》开始畅销，他那种创新的写法、与传统不一样的自由格式以及新潮的思想内容，也渐渐被大众所接受。

1860年，惠特曼决定第三次印发《草叶集》。这时候爱默生向他提出了自己的建议。

爱默生认为，惠特曼应该将诗集中新添的几首关于"性"的诗歌删除掉，不然第三版很可能不会受到欢迎。

惠特曼却很坚持地说："如果把那些诗删掉，它还会是一本好书吗？"

爱默生反驳道："只要将它们删掉，就会是一本好书。"

惠特曼仍然坚持自己的想法："我的灵魂是自由的，我的信念让我不会服从任何束缚，而坚持走自己的道路！"

在惠特曼的坚持下，第三次印发的《草叶集》仍然获得了巨大的成功，它的影响几乎触及世界的每一个角落。

【哈佛成长小贴士】

在孩子的世界里，总会有各种远大的理想、憧憬和计划，如果孩子拥有十足的信心，能够将这一切付诸现实的行动，那么肯定会获得前所未有的成功。虽然自信不能直接带给你成功的果实，可是却能够帮你找到通往成功的道路。

一位哈佛教授曾经说过："如果你能多一分自信，那么就会多十分成功。"那么对成长中的孩子来说，自信能够给予他们什么呢？

首先，自信能够让你拥有一个明确的目标

当你拥有了明确的目标，你的生活就会围绕着这个目标运转，再不会感到迷茫了。

其次，自信能够让你拥有更多的耐心

只有具备了耐心，才能慢工出细活，将一个目标分解成多个目标去实现，而不会急于求成。

第三，自信会让你知道，做事情要懂得一鼓作气和坚持不懈两种方法

如果某件事情可以在短时间内完成，就要一鼓作气完成它；如果需要长

期的奋斗才能完成，就要学会坚持不懈。

第四，自信会告诉你，想要成功就得把时间和精力用在同一个点上！

现代社会的各种诱惑越来越多，电脑和手机上各种网络小游戏层出不穷，都在浪费着我们宝贵的时间和精力。克制自己，战胜诱惑，迈向自己远大的成功目标。

【趣味小试题】

操场上有45个学生排成一排，报数以后，15号至20号、32号至38号退出，还剩下多少学生？

答案：
32人。还剩下人数：45 − 6 − 7 = 32（人）。

头顶上自信的绿蝴蝶

凯西已经 12 岁了，她从小就很内向，也很害羞。她一直有一个心结——她觉得自己不够漂亮！

一天下午放学之后，她独自一人走在回家的路上，心情有一点儿沉重。忽然，一家商店门口的牌子吸引了她的注意力，那块牌子上写着："新到的魅力饰物！"

她走进去一看，原来商店里摆放着许多颜色鲜艳的大蝴蝶结。

凯西站在橱窗前很久，一直在犹豫要不要买，因为她不知道自己戴上会有什么效果。

"亲爱的，试试这个吧，它对你再适合不过了。"一位售货员从橱窗里拿出一只绿色的蝴蝶结，对凯西说，"它很配你草绿色的裙子。"

"噢，恐怕不行吧。我不能戴上它。"凯西十分拘谨地摇了摇头，虽然她很想试一试。

女售货员说："为什么不试一试呢？你有漂亮的大眼睛，还有一头金色的长发，不管戴什么都会好看的！"

在女售货员的鼓励下，凯西终于鼓励勇气，将那个绿色的蝴蝶结戴到了头上。

"再往前一点吧!"女售货员帮凯西调整了一下,然后说,"你真美!这只蝴蝶结太适合你了!所以你要自信一点,把头抬起来,让所有人都看到。"说完,女售货员轻轻地托起了凯西的下巴。镜子里出现了一个红红的小脸蛋,眼睛亮晶晶的,看上去十分迷人。

"这个蝴蝶结我买了。"凯西做出的决定让她自己也感到十分惊讶。

付过钱后,凯西十分激动地跑出了商店,甚至差点被一位刚进门的妇女撞倒。

来到大街上,凯西想象着镜子里的自己,然后高高地抬起了头,并且露出了一丝微笑。她悄悄地看了看四周,好像大家正用欣赏的目光望着她。

"他们一定觉得我很漂亮!"凯西心里暗自猜想。

回到家门口的时候,邻居也用赞赏的口气说:"凯西,你今天有点不一样呢!"

凯西很自信地抬起头,说:"当然了,以后我会越来越不一样的!"

回到家里,妈妈惊讶地说:"凯西,你今天看起来很有精神啊,是不是遇到什么开心的事了?"

"当然有开心的事了。"凯西一边回答,一边走进了自己的房间。她想站在镜子前,再欣赏一下头上的绿色蝴蝶结。

"啊!"凯西突然惊叫起来,她的头上什么也没有啊!原来在她跑出商店的时候,头上的蝴蝶结就被撞掉了。大家都觉得她和之前不一样,其实是因为她的自信与风采!

【哈佛成长小贴士】

百年哈佛一直是很多孩子心中的求学圣殿。它始终坚持着自己独特的思想,这也是哈佛能够矗立在世界学府之巅的秘诀。当然,哈佛也拥有王者的自信,总会给世界带来不一样的声音,让所有人都感到惊艳。

如果把哈佛比作一棵在风雨中成长起来的参天大树,那么自信就是它始终屹立不倒的支撑点。哈佛从创校以来,也受到过社会各界的质疑与中伤,不过这些都无法影响它在人们心中的崇高地位。无论是哈佛的发展,还是哈佛学子的成长,都是经历了一次次历练,才最终成功的。

人生不也是这样吗？如果没有自信心，你又拿什么去面对成长中的挫折与磨难呢？如果遇到一点挫折就想要放弃，遇到一点磨难就丧失自信，那么你的人生又如何获得成功呢？对于没有自信的孩子来说，如何获得自信心才是人生最大的课题。至少你应该明白以下两点：

清楚地认识自己，接纳自己

很多孩子不自信，就是因为不够了解自己，又自以为很了解别人。事实上，我们时常会低估了自己，而又高估了别人。所以，你必须清楚地认识自己，包括自己的优势、劣势、兴趣、爱好等等，越细致越好。当你真正了解之后，自信也自然树立起来了。

要大胆尝试，勇敢挑战

挑战的过程肯定会有失败，也会有胆战心惊。对于问题、困难甚至是失败本身，你要做的就是从容应对，大胆尝试，把所有的注意力都集中在事情本身，在增强实力的同时，自信也自然而然地培养起来了。

曾经的哈佛学子爱默生这样说过："偏见常常扼杀希望的幼苗。"为了避免自己被"扼杀"，只要看准了，就要充满希望，坚持走自己的路。这也是成长所必须具备的精神！

【趣味小试题】

森林中有一群狼，还有一群羊，一只狼追上一只羊需要 10 分钟。如果一只狼追一只羊的话，那么剩下一只狼没羊可追，如果两只狼追一只羊的话，那就有一只羊可以逃生。那么，10 分钟之后还会有多少只羊？

答案：
这道题看似数学计算题，其实是逻辑思维题。答案是没有一只羊。

哈佛大学图书馆藏书票欣赏